拒绝被支配的勇气

〔日〕铃木敏昭——著
林星——译

成都时代出版社
CHENGDU TIMES PRESS

图书在版编目 (CIP) 数据

拒绝被支配的勇气 / (日) 铃木敏昭著；林星译 .
-- 成都：成都时代出版社，2020.5
ISBN 978-7-5464-2548-1

Ⅰ . ①拒… Ⅱ . ①铃… ②林… Ⅲ . ①成功心理—通俗读物 Ⅳ . ① B848.4-49

中国版本图书馆 CIP 数据核字 (2020) 第 025459 号

拒绝被支配的勇气
JUJUE BEI ZHIPEI DE YONGQI
（日）铃木敏昭 著　林星 译

出 品 人　李若锋
责任编辑　周　慧
策　　划　马晓娜　朱红坤
责任校对　张　旭
封面设计　刘　哲
责任印制　李茜蕾
出版发行　成都时代出版社
电　　话　（028）86619530（编辑部）
　　　　　（028）86615250（发行部）
网　　址　www.chengdusd.com
印　　刷　三河市冠宏印刷装订有限公司
规　　格　145mm × 210mm
印　　张　7.5
字　　数　130 千
版　　次　2020 年 5 月第 1 版
印　　次　2020 年 5 月第 1 次印刷
书　　号　ISBN 978-7-5464-2548-1
定　　价　48.00 元

前言

为什么没有任何一本书可以改变你的人生？恕我直言，事实是你的人生无法改变，从始至终都将一如既往。对此，你的看法是否不同？

或许，你会认为每个人都活在自由意志之下，人生的未来之路完全可以由个人自由掌控，人生是可以改变的。所以，以上纯属无稽之谈。接下来，请思考，你有过以下经历吗？

下定决心减肥却以失败告终。

本想坚持到底却还是在三分钟热度后半途而废。

计划考取资格证却将学习资料束之高阁。

“我想减肥”“我想成功”“我想改变这样的人生”……无论怎样下定决心，人生还是在原地踏步。无论看什么书，生活依然如旧。你的感觉是这样的吗？虽然听起来有些残酷，但事实是，无论读多少励志书籍，都不可能改变你的人生状态。跳槽也好，结婚也好，这些都无法从根本上改变你。失败的人会继续失败下去，钻牛角尖儿的人会一如既往地钻，有健康问题困扰的人同样会继续被困扰。

为什么呢？

这是因为每个人都在无意间为自己的人生写脚本，并按照这样的脚本演绎人生。无论个人是否愿意，都逃不过这一脚本的束缚，无论是曾经，还是未来。再想想，你是否有过这样的经历？

明明一切都进展顺利，却总在关键时刻状况百出。

眼看就要马到成功时，自己却在关键时刻掉链子。

你一定有过这样的经历吧？而且，不止一两次吧？也许你会认为，这只是一时运气不好。但其实，这就是你脚本中的剧情，而你不过是在一一演绎。你可能会说："不，并不是我想要失败才失败的。"实际上，总是重蹈覆辙的人内心潜藏着"重蹈覆辙的心理因素"，即使并非个人所愿，"心理因素"也会正常发挥作用。关于脚本的形成原因，后文详解。

我想说明的是，你所深信不疑的运气或命中注定，正是你自己的脚本。你正在不知不觉地陷入自己的脚本剧情之中，而这一脚本出自你自己之手。若其内容并非是你所想要的剧情，也必须由你亲自更改。

改变人生之道，唯有如此。无论拥有多少成功秘诀，无论拥有多少财富，若不改变脚本，你的人生终将不会发生根本改变。那么，怎样才能更改让你画地为牢的脚本呢？

脚本产生于无数的执念之中，简而言之，脚本就是执念。因而，我们需要改变的是执念。改变人生的关键在于改变那些让我们作茧自缚的执念。希望本书的内容有助于你打破长期束缚着你的脚本樊笼，重新书写你自己的人生。脚本产生于无数的执念之中，因而我们需要明晰执念是如何产生的，又怎样才能跳出执念。想要改写脚本，就必须学会终止执念，跳出执念。

我研究执念20余年了，机缘始于中学二年级时的一次个人经历。某天，我突然想："我为什么是我呢？"或许别人会觉得我不过是在胡思乱想，但于我而言，这就是一个单纯的疑问。为什么"我"是坐在这个位置的"我"，而不是邻桌的"某某同学"；为什么"我"是运动白痴，而不是运动健儿"某某同学"。

我到底是谁？这一简单朴素的问题开启了我的思维之旅。探究"我"的本源问题，使我走上了心理学之路。我在努力理解"我"为何物的基础之上，又逐渐将执念纳入研究关键词中。简而言之，"我"这一存在不过是思想上产生的一种执念（比如，植物没有思想，因而就没有"我"的概念）。因此，只要能找出执念之源，就可以理解"我"。正是基于这样的想法，我一直在研究执念。

生活中有无数人想要改变自己，改变自己的性格，改变自己的人生，看过的相关书籍也数不胜数。但是，即使你能一学即会，即学即用，"我"也并非易变之物，"我"的顽固性超乎想象，几乎不能改变。

你如果不满于现状，想要改变自己的人生，首先必须弄明白支配"我"的执念是什么；其次才是跳出执念。这些年，我一直潜心于执念的研究，若我的知识和经验能对大家有所帮助，这于我而言将是最大的快乐。

进入正文之前，我想说明以下几点。

本书主要面向普通读者，表达会尽量通俗易懂。同时，本书借鉴了不少先哲的观点和理论。此外，人们常会知晓事件发生的根源，在头脑中想出解决之策后，马上就会感到沾沾自喜："啊，原来如此。"但是，本书所介绍的方法并非是立竿见影的"特效药"。即使是学习打网球或滑雪，也并不是读完指导手册后，第二天就可以完全掌握技能的。对于本书中的观点和方法，能否理解，是否适用，因人而异。因此，我认为多尝试、多实践不同的方法是无比重要的。

说到底，我自己也是深陷于执念中的人之一。执念的确难以改变，但是可以改变的。有人已经改变了，也有人为此一筹莫展，这正是有趣之处。

接下来，让我们一起开启跳出执念之旅吧。

跳出执念，改写脚本

目录

第一章 人生是一场脚本的演绎之旅

第二章

人生脚本由无数的执念构建而成

第三章

剖析支配人生脚本的执念本质

第四章
掌控变形思维，走出执念

第五章
改变执念体质的根本方法

第六章
利用执念，重写人生脚本

第一章

人生是一场脚本的演绎之旅

一切都是人生脚本的恶作剧

A 自学生时代起就一直成绩优秀，名列前茅。但是，他总在关键时刻出状况。高三时，第一志愿学校举行入学考试，他偏偏生病了，最终不得不退而求其次选择第二志愿学校。毕业后，他参加入职考试，过五关斩六将，终于顺利进入了面试环节，却因面试迟到而与心仪的职位失之交臂。工作中，他也常被人说总在关键时刻掉链子。本应一切顺利的他，为何总是难以善始善终?

A认为自己运气不好，所以人生才会频频突发状况。真的是他运气不好吗？是因为他那“关键时刻掉链子”的性格吗？其实不然，而是因为A陷入了自己所写的脚本之中。他嘴上说“我想成功”“希望一切顺利”，实际上却参照既定脚本而行。

B从小就是稳重踏实的小大人，大学毕业后进入一家大企业工作，丈夫也在一家实力雄厚的公司工作。婚后，她辞去工作，专心在家相夫教子，生活可谓幸福如诗。但好景不长，丈夫发现B出轨了，完美婚姻最终以不欢而散告终。B因孩子问题与丈夫对峙法庭，但最终还是失去了孩子的抚养权。原本幸福的家庭就这样在一夜之间分崩离析。四邻都私下议论纷纷：“一个做事那样有分寸的人，怎么就出轨了呢？”

B为什么做出自我毁灭的行为呢？是她对自己的家庭不满吗？还是她遇到了比丈夫更优秀的人？都不是，一切都是脚本的恶作剧。是脚本驱使她出轨，走向破坏自己家庭之路的。

这一切并非是偶然，而是必然。或许，你会说：“我不记得我写的脚本是这样的。”你会认为：“如果是自己写脚本的话，每个人都会把自己写成腰缠满贯的成功人士吧。”但是，脚本是在你无意之间写下的，且你无法逃脱脚本。即使是不幸写下充满悲剧的脚本，人生也只能按照脚本演绎。听起来似乎有些耸人听闻，那么，这一束缚我们的人生脚本到底是什么呢？

人生脚本就是一本自证预言书

人生脚本是艾瑞克·伯恩（Eric Berne）在其创立的沟通分析法（Transactional Analysis，简称TA）中提出的“心理因素”。所谓的人生脚本，并非是指人们真正写下的脚本，而是指人们在内心深处无意识写下的人生脚本。人们会从众多的经历和感受中得出结论：“啊，我的人生应该就是这样的吧。”从而毫无意识地在心里写下人生脚本，并根据脚本演绎自己的人生。

人一旦产生某种想法或信念，其行动就会与之相符。这也就是将思想现实化，即心理学上所谓的自证预言。比如算命先生说你一周之内会遭遇事故，你一心惦记着，很可能就会真的应验预言。别人告诉你A型血的人性格是这样的，你自己越相信，就越容易验证自己是A型血性格的人。这就是自证预言现象。

人生脚本其实就是一本自证预言书，你总在不知不觉中受自我暗示的驱动。也就是说，认为自己命运多舛的人会写下命运多舛的人生脚本；同样，认为自己人生一帆风顺或怀疑自己总会在关键时刻掉链子的人也会写下相应的人生脚本。我们人生的一切剧情都是按脚本发展的。

人生脚本形成于童年时期

人生脚本主要形成于7岁之前的童年时期，与家庭教育、学校教育及社会环境有关。大家常听到“人设”一词吧？孩子一旦被贴上角色标签后，就会努力改变自己的言行举止以符合大家眼中的人设。也就是说，人们会不自觉地扮演大家所赋予的角色以融入环境。只有这样扮演好角色，自己才会感到轻松。正如脚本一样，孩子一旦被设定为某种人设后，他终其一生都会照此演绎自己。

人生脚本形成于童年时期，根深蒂固，人们很难逃脱其束缚。人生脚本的强大之处在于，即使一开始以不同于人生脚本的方式生活的人，也会无意识地按照原始人生脚本演绎自己的一生。

比如前文所介绍的A，童年时的他做什么都无可挑剔，却从未得到过赞赏。他很可能因此写下“自己不可能完美到底”的人生脚本。所以，事态进展顺利时，他反而会感到不安。而B很可能在童年时缺乏温暖的家庭，因而写下的人生脚本也是“自己不可能拥有温暖的家，也不会得到家人的爱。”因此，即使好不容易拥有了幸福的家庭，也满足不了她的心。她选择了亲手毁掉自己的幸福，再回到原始人生脚本角色中。她如果想要获得真正安稳的生活，就必须意识到人生脚本的存在并改写它。

无论是怎样的人生脚本，只要能给自己的人生带来积极意义就好。如果人生脚本会使自己遭遇不幸，那无论需要花费多少时间，我们都应该竭尽全力改写它。想要改写木已成舟的人生脚本并非易事，这一点是毋庸置疑的。那么，怎样才能成功改写呢？

我们只要能意识到“这不过是人生脚本的剧情”，就已经成功了一半。也就是说，只要不在人生脚本中迷失自我，而是站在更高的制高点冷静判断，就有希望改写自己的人生脚本。只要不将所有的失败与不幸遭遇归结于运气，而是意识到这一切不过是脚本的剧情，我们就可以掌握自己的人生。

当意识到人生脚本的存在时，你会发现，“无论怎么努力，我都成不了什么大器”“无论我做什么，都不会得到认可和赞赏”，像这样认为自己命中注定一无是处的消极想法，以及一直以来自暴自弃的人生，不过是你自己在无意间自编自演的剧情。

接下来，我们来具体了解下脚本是怎样产生的。

悲剧脚本始于童年的禁令

所谓的禁令，如字面所示，即“禁止……的命令”，如“不可以与陌生人接触”“晚上10点以后不准看电视”等，大家小时候都听过这样的禁令吧？此外，还存在无形的禁令。比如，妈妈总会告诫孩子“吃饭前不可以吃零食”。某天晚饭前，孩子开始索要零食，妈妈却突然一反常态，对孩子说“你想吃就吃啊”，但语气生硬，一副横眉立目、火冒三丈的表情。

这种情况下，孩子还会一脸天真地去拿零食吃吗？孩子应该会觉察到妈妈生气而强忍住吧。孩子觉察父母真实想法的能力超乎想象。也就是说，除了语言表达，父母的态度、表情或动作也可以向孩子传达表示禁止的信息，这就是无形的禁令。父母不仅会直接说“不可以”“不要做”，也会在无意间向孩子传达一些非言语信息。

生活中有这样的父母，因照顾孩子和忙于家务而疲惫不堪，孩子却不停追问“妈妈，妈妈，这是什么”的时候，妈妈可能就会毫不耐烦地回答“不知道”。这时，孩子不仅会因“不知道”的回答而感到失落，还会感受到父母心不在焉的态度。在父母对自己说“一边儿去，离我远点儿”时，孩子也会因此备受打击。长此以往，孩子就会强加给自己一道“不可靠近父母”的禁令。也就是，他学会了给自己下禁令。也有孩子会因此认为，自己应该懂事一点儿，不随意撒娇，不惹父母生气，要观察父母脸色，与父母保持一定的距离。

这就是孩子的执念，一种源于“生本能”的执念：通过限制自己的言行，竭尽全力得到父母的爱。童年时期形成的执念将伴随自己的一生。因此，一旦产生“不可靠近”的禁令，多数孩子长大后也不擅长与人交流，经常独来独往，行为孤僻，一生都将如此。但是，并非所有的孩子都会产生自我禁令。当父母哄骗孩子说“一会儿再告诉你好不好”，之后就置之不理时，对此满不在乎的孩子可能马上就会转移注意力，沉迷于其他活动。

每个人的认知不同，对于父母同样的态度和行为，不同孩子的反应也会不同，这一点必须多加注意。

最常见的13条禁令

国际沟通分析协会对禁令（Y）进行了分类。协会表示，越受此类禁令影响，就越容易演绎悲剧式人生脚本。接下来，我们介绍13条比较具有代表性的禁令。

禁令1．“什么都别做，安静待着”“别乱动”

有些家庭的家教严格，父母对孩子的保护心理过度，再微小的事儿都会引起他们的警备。“很危险，别爬树”“不可以和那个小朋友一起玩”“踢足球很容易受伤，不能去”，当孩子总被父母这样限制行为后，就容易产生“我最好什么都别做”的自我禁令。

如果人们将这样的自我禁令当作性格温顺的表现，那孩子长大后可能会缺乏自主性，任何时候都依赖别人的意见。职场中的“待命型职员”可能就是在此类禁令环境下成长的人。他们从小对父母言听计从，做事丝毫没有个人主见，并逐渐养成了这样的习惯，以至于在步入职场后，只要没有上级或领导的指示，自己就无所适从，不知该做什么。

禁令2. “不该是你”

有些男孩经常听父母念叨“其实想要一个女孩”，有些女孩也经常听妈妈抱怨“真不该要个女孩”。像这样经常被父母否定性别的孩子，就容易产生此类自我禁令。

一旦产生这样的自我禁令，孩子就会因性别产生自卑感，或容易否定自我。此类禁令环境下成长的人很可能异性朋友数不胜数，同性朋友却寥寥无几。此外，因为缺乏自信，他们会产生逆来顺受的倾向，会受制于周围人的评价和看法。

禁令3. “别像个小孩子一样”“懂事点”

家有弟弟或妹妹的孩子会常被大人教导，“你是姐姐，要有姐姐的样子”“你是哥哥，不能哭”。他们会容易产生此类禁令。在这一禁令下成长的孩子会因被迫过早独立而抑制了爱自由玩耍的天性，缺失了应有的童年自由，长大后很可能会变成不近人情的人。在一些同事聚餐中，无比热心地为大家分发食物、续点酒水等，自己却完全没有享受聚会的人，很可能就是受这一禁令影响。他们认为自己是万能的，责任感过强，这可能会成为一种桎梏。

禁令4. “别长大”“不可以独立”

与禁令3相反，家庭中最年幼的孩子容易产生这样的禁令。因为他们通常是父母的宠儿，过着衣来伸手、饭来张口的生活。受这一禁令的影响，孩子会产生一种倾向：“永远做个孩子就好，最好什么都不会做。”有恋母情结的孩子一般都属于这一类型。很多在这一禁令下成长的孩子，他们的父母甚至会替他们相亲、选择结婚对象。这样看来，即使成人后也无法逃脱“别长大”这一禁令的人越来越多，也就在情理之中了。

禁令5.“别投入感情”“别将情绪挂在脸上”

当孩子疼痛哭泣时，父母却选择不管不顾，孩子只能告诉自己“忍忍吧”。像这样经常被迫抑制个人情感的孩子就容易产生这样的禁令。一旦产生这样的禁令，人就会倾向于压抑自己的情绪，还会对一切表现得漠不关心。不会哭泣、不会发怒、声音平缓、表情僵硬的人很可能就是在这一禁令下成长的。

禁令6.“别思考”

“别顶嘴”“别说话，认真听大人说”，经常这样大声呵斥孩子的父母应该不少吧？父母时常歇斯底里地发怒，孩子就容易产生这一禁令。生活在这样的环境下，孩子甚至会放弃自主思考。这一禁令下成长的孩子在面对一切时，不会冷静思考，无法做出理性判断。盲目深信占卜或宿命的人很可能就是受到“别思考”这一禁令的支配。

禁令7．“别靠近”

“我很忙，等会儿再说”“你就不能安静点吗”，像这样，父母经常与孩子保持距离，拒绝亲近孩子，孩子就容易产生这样的禁令。一旦产生这样的禁令，孩子就会尽可能避免和父母说话，会抑制向父母表达情感的欲望。长此以往，孩子长大后就很难向身边人袒露自己的内心想法。在工作中遇到困难或烦恼时，也不会跟上级或同事商量，而是一个人绞尽脑汁地想办法解决。他们在生活中遇到不顺心的事儿，也会认为忍忍就过去了。

禁令8．“不能成功”

孩子成功时，父母从来不赞赏、不奖励；孩子失败时，父母才会给予安慰和鼓励。长此以往，孩子就容易受“不能成功”这一禁令的支配。也就是说，父母毫不关心孩子的成功，只在意孩子的失败。孩子会不自觉地认为自己“不能成功”。此外，父母唉声叹气地说“你总是关键时刻掉链子”

时，孩子就容易认为自己一无是处。建立公司却一次次陷入破产倒闭怪圈的人很可能就是受这一禁令的影响。

禁令9."不可以拥有属于自己的东西"

经常目睹父母因为自己而受尽苦难的孩子就容易产生这样的禁令，比如单亲家庭出身的孩子、童年生病或受伤而给家里造成巨大经济压力的孩子。受这一禁令影响的孩子不仅不会坦诚地表达自己的需求，还可能将好运拱手相让，毁灭属于自己的幸福。比如，自己工资待遇很差，生活艰苦，却坚持给恋人赠送昂贵礼物；朋友一说"可不可以借点钱给我"，他一定不会拒绝，这种人很可能就是受这一禁令的影响。

禁令10."不可以健康"

如果孩子只有生病的时候才可以肆无忌惮地吃自己喜欢的甜点，或者父母的心思全都放在照顾生病的兄弟姐妹身上，无暇顾及自己，孩子就容易产生这一禁令。一旦产生这样的禁令，孩子经常会利用生病或受伤博取同情，甚至会做出怪异的言行搏人眼球，引起关注。此外，这类人还常常暴饮暴食，哪怕公司体检报告显示身体健康问题急需被重视，他们也不会改变生活恶习。

禁令11．“不能成为重要的人”

孩子在考试中取得优异成绩或被老师表扬后，一般都会兴高采烈地告诉父母。这时，如果父母无关痛痒地回一句“哦”，孩子就会感到很受伤。因为没有得到父母的认可，孩子甚至会产生“不能成为重要的人”的禁令。

一旦产生这样的禁令，他们就容易时刻提醒自己低调，不能太引人注目，还会逃避责任。衣着朴素、不善言辞、说话总是轻声细语的人很可能就是受这一禁令影响。此外，做底层职员或小组队员时表现优秀，一旦成为管理人员或小组队长，就难以发挥个人能力的人也不少见，这一类人很可能也是受这一禁令的影响，每当站在领导者位置思考问题时，他们就会产生“不能成为重要的人”的自我禁令，最终如愿以偿地失去应有的能力。

禁令12. “没有归属感”“不能融入集体”

有些父母严格限制孩子的交友自由，如“不能和那个孩子说话”；有的父母直接代替孩子表达心声，如“我家孩子比较内向，所以……”在这样的教育环境下，孩子会不知不觉地远离同龄人。受这一禁令影响的人很难融入职场环境或其他团体中，经常独来独往。

禁令13. “不能存在”“消失吧”

“不能存在”“消失吧”这应该是最痛苦的禁令吧？“没有你，我早就离婚了”也属于此类禁令。如果父母经常虐待孩子，或将自己的不幸归因于孩子，孩子就会产生这一禁令。因为一个人固执地认为自己不该活着，就不会爱惜自己的身体、珍惜自己的生命。

沉迷于酒精或依赖药物的人很可能就是这一类型。

童年的禁令决定了4种心理地位

在上一节中我介绍了各种各样的禁令，大家觉得怎么样呢？当然，因为每个孩子的认知不同，所以不能简单粗暴地一概而论：并非只要父母这样对待孩子，孩子就一定会这样。人们会基于禁令产生4种建构世界的方式，艾瑞克·伯恩将此称为心理地位，这4种心理地位决定了人们在成人后与他人相处的方式和待人接物的方式。

心理地位1. “我可以，你也可以”

这一结构就是既肯定自己，也不否定他人，世间万物皆有存在的价值。

通常拥有幸福人生脚本、生活富足的人会产生这一结构。对于这一类人而言，父母对他们的禁令适度，因此他们会按照自己所期待的方向演绎人生，人生脚本也不会受他人影响。他们内心富足，能充分体谅他人，能做到爱别人、爱自己，懂得尊重自我的同时也尊重他人。不仅如此，因为充满自信，他们的心态大部分时候都积极向上，不会因小小的失败而泄气，还会时常给身边的人加油鼓劲。

可以说，拥有这一结构的人懂得察言观色，会注意同事日常的话语信息及自己的言语表达。此外，他们会自然而然地说一些切合时宜的话。

心理地位2.“我不可以，你可以”

这一类型的人时常否定自我，肯定他人，比如觉得自己不重要，但身边人都很棒。

他们之所以会形成这一结构，可能是曾经考试成绩不理想没能进名校，也可能辜负过父母的过高期待。有过类似的失败经历，他们就会将“自己能力不足”“自己太差劲了”

等禁令纳入自己的人生脚本中，最终导致自我评价低，对待任何事都很消极。即使拥有绝好的发展机会，他们也会打退堂鼓，认为自己肯定做不好，甚至好不容易鼓起勇气踏出一步后，内心也可能强烈认为自己一定会失败，最终半途而废。此外，因为缺乏自信，即使好不容易做出骄人成绩，他们也会说别人更优秀。他们容易谦卑过度，轻视自己，把目光放在他人身上。

心理地位3. “我可以，你不可以”

拥有这一结构的人就是霸道型，“我的是我的，你的也是我的”，他们会肯定自我，否定他人。

这样的人通常在童年时都是父母的“掌心宝”，他们永远活在父母的夸赞声中，以自我为中心，自私任性，喜欢支配他人，还会疑心过重，会竭尽全力消除不合个人心意的一切事物。拥有这一结构的人不能接受他人成功，喜欢列举成功人士的缺点，还会恃强凌弱，将自己的幸福建立在别人的痛苦之上。

喜欢在推特或博客上吐槽、评论的人可能属于这一类型。哪怕对方完全是陌生人，只要言行上有一点点不合自己的心意，他们就会毫无保留地揭露别人的隐私，直至对方身败名裂。他们还坚信自己就是正义的化身。

心理地位4. “我不可以，你也不可以”

这一类型最可怕。他们会认为活着毫无价值，人生毫无意义，他们选择否定一切。

童年时被抛弃或被虐待的人容易产生这样的结构。因为这类人的经历让他们坚信没有人会毫无条件地接纳自己，所以他们会缺乏心灵的安全基地。所以，在面对各种人际关系时，他们态度极端，要么完全封闭自己，杜绝一切人际交流和往来；要么完全依赖他人而活。

这一系列对待人生的结构建立在童年的禁令之上。而这些结构将成为每个人人生中的生存与生活规则的基础，也就是说，结构会决定我们如何认知这个世界。

驱动力也会影响人生脚本

驱动力也会影响你的人生脚本。比如，生活中有些人非常积极，在公司，他们执行力强，按时完成工作任务；下班后，他们会发展人脉关系，了解行业的最新发展资讯。看到如此充满正能量的人，你一定会心生羡慕吧？但这样的人真的能幸免于悲剧脚本，活得很自由吗？自由而惬意的人生本就难得。即使是最积极向上的人也可能陷入消极想法中。

心理学家泰比·科勒（Taibi Kahler）将驱动孩子行为的力量称作驱动力。与禁令的作用类似，父母的言行对孩子而言也是驱动力。

驱动力可分为以下5类：

① 要完美

② 要取悦他人

③ 要努力

④ 要勇敢

⑤ 要加速

但是，父母并非直接用语言将这样的念头传达给孩子。当孩子取得好成绩时，父母会说："真是好孩子，学习很努力。想要什么奖励？我们给你买。"孩子看到父母高兴的样子，就会觉得："只有让父母更高兴，他们才会更爱我。"他们会不自觉地将取悦父母当作驱动力。但其实父母本意并非如此，他们不过是单纯为孩子的成长感到欣慰。

也有人会想，这5类驱动力都是消极的吗？应该也有积极的作用吧？当然，这些驱动力在一定范围内对人的成长是必要的。但是，如果个体强烈受其支配的话，很容易产生极端行为。比如，一旦受"要努力"这一驱动力的驱动，他们就可能不眠不休地工作到深夜，又因身体不适不能兢兢业业地工作而陷入痛苦中。

学会适可而止、量力而行，这也很重要。只要我们感到自己过于拼命，就需要放松自己，告诫自己放下沉重的负担。我们仅从这一点就可看出，了解驱动力十分重要。幸运的是，与禁令不同，我们更容易意识到驱动力的存在。比如童年时代，父母或老师一定对你说过这样的话吧？

“你一定要努力学习，考上好大学。”（要完美的驱动力）

“竭尽全力，走向成功吧。”（要努力的驱动力）

“任何事儿都要迅速做完。”（要加速的驱动力）

“不要麻烦别人。”（要取悦他人的驱动力）

“勇敢点，做你自己。”（要勇敢的驱动力）

或许，你会觉得自己“总是一不小心就这样做了”“不这样做，就会感到不安”，如果你的行为模式是这样的，很可能就是受驱动力的影响。想要掌握自己的人生脚本，就必须知道自己所拥有的驱动力是什么。可以说，意识到驱动力的存在是跳出人生脚本剧情的第一步。

驱动力的4个要点

想要了解上述5类驱动力，请注意以下4个要点：

①语言表达习惯

②肢体动作

③姿势

④表情

关于每一类驱动力的特殊作用，我将根据上述要点来解释说明。

1. “要完美”驱动力

①语言表达习惯

受这一驱动力影响的人，会特别看重尽可能得到他人的理解，不要引起误会。他们会强求自己准确传达自己想说的话、想传达的信息。为了表达的精准性，他们会用“在距离公司200米的十字路口见面吧”“3站后换乘”这样的表达。拥有这一驱动力的人会经常使用演讲技巧，在日常生活中也喜欢用“接下来的内容主要包括3点，第1点是……”等表达。

“要完美”驱动力的特征

因为他们十分注重言简意赅，所以不会像小孩子一样说个不停。他们不会语气粗暴，看起来十分礼貌，但容易给人表面恭敬、实则倨傲的印象。

②肢体动作

一般人数数时不会刻意屈指，拥有这一驱动力的人，就很可能在与别人一起数数时刻意弯曲手指，他们甚至会不自觉地这样做。此外，在陷入沉思或听别人讲话时，他们如《思考者》雕塑一样，手撑着下巴或将双手合拢成“金字塔型”。他们喜欢慎重考虑别人的意见，所以会养成思考时保持一贯动作的习惯。

③姿势

从姿势来看，这类人比较喜欢挺直腰背，不会东倒西歪，会一直保持平衡的姿势。他们仪容整洁，十分注重礼节，连鞠躬都是90度。

④表情

这类人虽说不是毫无表情，但绝对谈不上表情丰富。他们中的大部分人都怯于开口说话，所以喜欢保持沉默。说话时，他们不会直视前方，而是喜欢仰头向上看。拥有这一驱动力的人会认为一定不可以说错话，他们说话时就像在念自己脑海中写好的草稿一样。

2. “要取悦他人”驱动力

①语言表达习惯

因为想竭尽全力取悦他人，所以他们会经常使用夸奖或感激的话语，如“听了您的话，真是受益匪浅”“你真厉害”。此外，他们还喜欢使用表达半疑问的句尾，如：“是吧？”“是这样的吧？”“似乎是这样的呢。”这是因为，对于他们而言，比起毫无保留地表达自我，更重要的是迎合对方的想法。为了避免断定式表达，他们还会在谈话过程中不断确认对方的反应。为了夸张地表达喜悦或赞赏，他们经常会提高嗓门说话。

②肢体动作

他们会用肢体动作表达对对方的赞同，比如在听对方说话时，他们会一边回应一边点头。坐在桌子旁边时，他们喜欢将双手放在桌子上，甚至将双手摊开掌心向上，做出向对方伸出手的动作。从心理学的观点来看，这是“我向你敞开心扉”的示意，这样做会让对方感到安心。此外，为了表现出很在意对方的感受，他们容易做出仰视或仰起头的动作。

③姿势

他们中的不少人为了表达自己在认真听对方说话或探测对方的反应中是否有感到不愉快的迹象，说话时都会身体前倾。

“要取悦他人”驱动力的特征

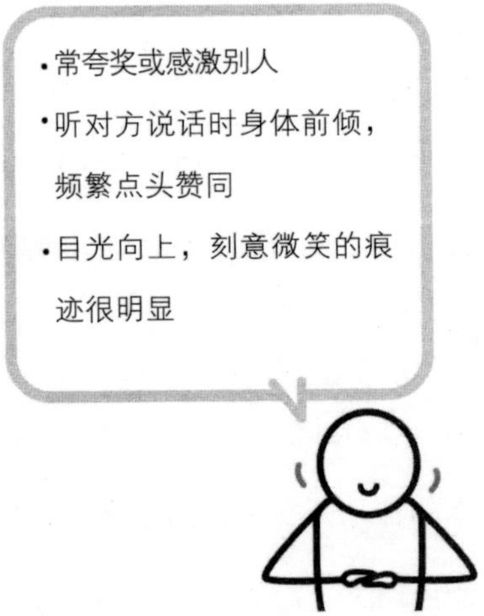

④表情

他们经常嘴角上扬，但笑得有几分别扭。他们保持积极的表情是为了博取他人的好感，但事实上，这并非意味着他们同意对方的观点。他们内心也会充满疑问："是这样的吗？"即便如此，他们还是保持微笑。

3. "要努力"驱动力

①语言表达习惯

面对高难度或超大量的工作时，他们往往连内容都不问清楚就草率地回答。喜欢说"我会努力完成的""我做做看吧"的人多属于这一类型。对方仅仅是想打听下进展，立即回答"马上就完成""我马上去做"的人也可能属于这一类型。另外，刚着手就开始抱怨"这太难了""太辛苦了"的人也很可能属于这一类型。

受这一驱动力影响的人做什么都会不遗余力。所以，比起做轻松自在、毫无压力的自己，做疲惫不堪、忙碌不堪的自己更让他们感到心安理得。他们说话时总带着疲惫感："已经累得不行了。"或许，他们认为，如果说话轻快就意味着自己精气神十足，会让人认为自己工作不够卖力。

“要努力”驱动力的特征

②肢体动作

他们并非视力不好，却喜欢眯着眼看人。即使是无关紧要的场合，他们也一定会做出很努力的样子，极其认真地看，十分认真地听。

③姿势

因为一心想着要竭尽全力完成眼前的事，所以他们容易在阅读资料或敲击电脑时弓着腰向前倾。但在听上司讲话时，为了表现出努力、奋斗的样子，他们也会不自觉地站直、挺立。

④表情

这类人经常眉头紧皱，一脸忧思的表情。或许他们认为只要稍微表现得快乐，就会被认为不够努力，不够全力以赴。为了让别人感觉自己很辛苦，他们经常也会一脸倦容。

4.“要勇敢”驱动力

①语言表达习惯

这类人经常无意识地认为自己很差劲、很无能，因此想要逃避这样的感觉。受“要勇敢”驱动力的影响，他们容易将个人的情感或行为归因于自身以外的其他原因，这样可以不用面对自己的弱点。

这类人还经常把事情归因于不可抗因素。比如，他们经常会说“生活不幸是因为这个世界有问题”“没能加薪是因为这个公司的体系有问题”。这样他就可以为自己树立强大的敌人，也会自我感觉正在对抗强大的力量，很厉害。

此外，这类人说话声音低沉、有条不紊、语气平缓。电视剧或电影中身强力壮的警卫人员发现形迹可疑的男人时，会抑制个人感情，压低声音问：“谁在那儿？在干什么？”而这一类型的人却喜欢刻意地“以声制人”。

②肢体动作

这类人随时都是稳重姿态，行事低调，不会引人注目。因为他们觉得如果在陷入惊恐时表现出各种肢体动作，会被认为是弱势的表现。这类人经常刻意控制自己的动作，假装以强大示人，来隐藏自己的脆弱面。

③姿势

他们通常摆出一副盛气凌人的姿势，喜欢双手交叉放在胸前，假装自己很强势。除此之外，站立时总是叉着腰的人也可能属于这一类型。他们以这样的姿势表达自己的“无所畏惧”。

“要勇敢”驱动力的特征

④表情

与肢体动作如出一辙，他们的表情同样缺乏变化。虽然是“要勇敢”驱动力类型，但并不代表他们一定会威胁、恐吓别人，或者采取攻击性行为。这类人反而会极力掩饰自己的弱势，刻意抑制自己的表情。

5. “要加速”驱动力

①语言表达习惯

这类人的特征是常常催促自己或身边人，如“加速”“赶紧做”。此外，才刚开始做就说“时间不够”“快到点了”的人也可能属于这一类型。他们常常处于“不赶紧就来不及了……”的焦急状态。这类人说话语速极快，喜欢在别人还未说完时插话，一开口就口若悬河，停不下来。

②肢体动作

事情延期时，他们就会变得焦虑不安。所以他们的典型动作是，用手不停地敲击桌面，不停地抖腿，把地板弄出“咚咚”的响声。此外，他们说话时会反复看时间，因为他们总想着“不快点做就会……”“不加速的话就来不及”。所以，他们会极其在意时间。

“要加速”驱动力的特征

③姿势

总之，他们静不下来，会不停地变换姿势，一直动个不停。排队时喜欢东张西望，表现得不耐烦的人就属于这一类型。

④表情

这类人的特征是与人正面相对说话时，即使不需要身体移动，他们也会视线游离、东张西望。因为他们很难静下心来听别人说话，会不自觉地转移视线。他们总是冒冒失失、莽莽撞撞的。所以，一旦跟对方说“那我们走吧”“我们开始做吧”，对方回答“等我一下”“还很早啊”时，他们就会马上变脸，表现出不耐烦的表情。

你是否觉得我好像说得很对呢？这其实就是在无形之中操控我们人生的驱动力。当然，拥有适度的驱动力是必要的，且有利于推动我们前进。但是，如果过度受其影响，我们就会疲惫不堪。

削弱驱动力或完全消除驱动力，最行之有效的方法是意识到自己受什么驱动力的驱动，并受锢于其中。

希望大家再回想一下前文所述的每一类型的特征，并找到自己的驱动力类型。我们只要意识到自己受什么驱动力的驱动，就可以冷静思考，沉着应对。

启动推进脚本的人间游戏

人生脚本主要形成于童年时期，并且是在无意之间形成的。人生脚本产生的根源在于禁令和驱动力。“不可以做这件事儿”“赶快做这件事儿”，在父母的言语和态度的影响下，孩子创造了自我规则，这些规则渐渐演变成人生脚本。此外，在禁令的影响下，孩子会建构心理地位，最终成为人生脚本。总之人生脚本是基于禁令、驱动力和心理地位完成的。

而推进这一人生脚本的就是游戏，心理学界称之为“人间游戏”。游戏是重复获得报酬的某种行为。为了实现人生，我们总在无意间参与游戏。我们每一天的行动都在于得到报酬，如爱情、金钱和幸福感。

人生脚本之结构

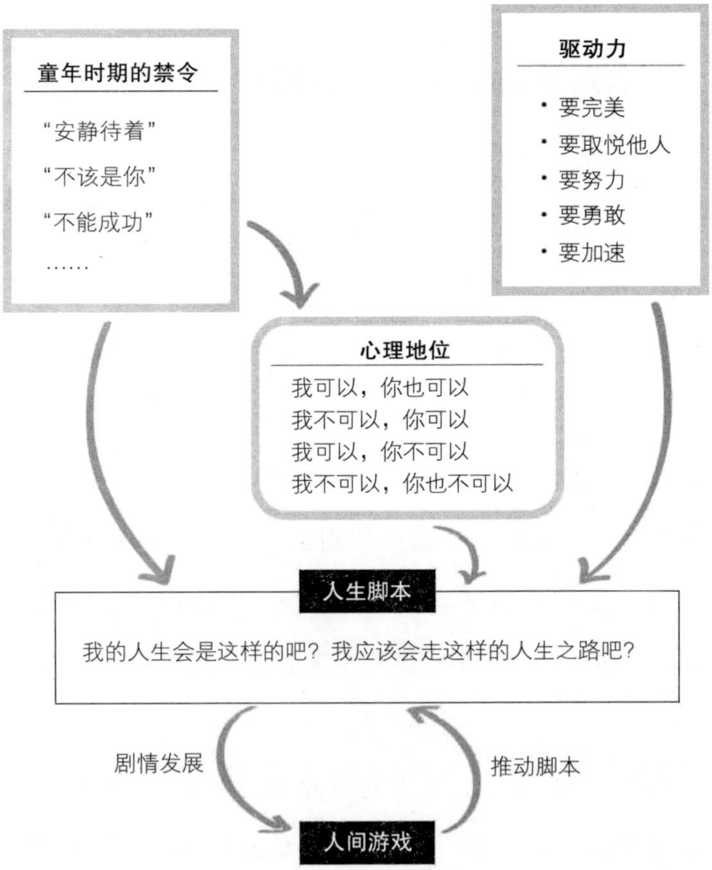

当然，人生中的正当游戏是可以存在的，比如为了挣钱而努力工作，为了爱情而恋爱。但是，有些游戏也会将人引向罪恶之路，如借为难他人以满足自我，为引人注目而刻意迟到或违约。那么，我们为何会不自觉地使自己走向不幸的游戏呢？

任何人都希望自己被疼爱、被认可，特别是童年时缺乏父母关爱、被严苛教育的孩子会更渴望得到爱。他们容易无意识地产生“与其被忽视，还不如干点坏事儿让父母重视”的信念。因此，为了引起父母的关注，他们会恶作剧，会惹事儿，会肆无忌惮地说谎。对于他们而言，比起惹人生气，被无视的感觉会更痛苦。一旦养成这样的习惯，他们在长大后也会靠这种手段来吸引别人的关注。

此外，人们会为了确认心理地位而参与游戏。也就是说，为了确认“我可以，你不可以”或“我不可以，你也不可以”等心理地位而做出出格行为。比如，跟同事抬杠就是为了确认“我可以，你不可以”的心理地位，看到对方受伤或窘迫不安的表情，他们就会产生优越感，并感到满足；拥有“我不可以，你也不可以”心理地位的人会消极地看待整个世界，所以他们会用游戏证明这个世界的黑暗面。此外，心理地位被确认一次，他们人生的脚本就被强化一次。

艾瑞克·伯恩的人间游戏

一般来说，为了推进人生脚本而无意识参与的游戏有固定的模式。

时间：刚过正午

地点：公司茶水间

一男职员为了舒缓心情，离开工位，到茶水间泡咖啡。不一会儿，一位新入职的女性职员A也过来了。此时，茶水间只有他们两人，A娇羞地低着头，看着男职员说："你今天有空吗？有话想对你说。"那么在这种情况下，大家会怎么做呢？

一般男性，应该会下意识地充满期待吧——“这女孩难道是对我有意思吗？”

但是，这很可能是那个女职员操纵人的游戏。

艾瑞克·伯恩将游戏中的必要因素和启动过程归纳为如下的公式：

诱饵＋软肋→反应→角色转换→混乱→报酬

1. 诱饵

和女同事独处一室被搭讪时，男职员即使不会陷入恋爱幻想，也会十分激动，小心翼翼地回答：“有什么事吗？”A只是说：“有话想对你说。”其实，或许也不是什么大事，很可能是想谈谈与工作相关的事。即使很明白这一点，男人还是会不自觉地认为好像会发生什么一样，而这刚好就是A抛下的诱饵。

诱饵就是言外之意的真正信息。如果上司皮笑肉不笑地说“你真有趣”，你一定会听出来这是嘲讽吧？人们通过语言传达的东西并非就是真心话。这种情况下能听出的真实信息就是诱饵。操纵游戏的人会向愿意上钩的人抛诱饵。所以，想要不被卷入别人所启动的游戏之中，首先要在意识到对方言语或行为隐含其他信息时进行冷静分析。

拿茶水间的例子来说，如果男方觉得只是碰巧遇见并被搭讪，那这样的行为就不可能成为诱饵。但是，明明可以在同事面前或通过邮件说，却刻意选择只有两个人的时候打招呼，这就需要引起警惕——对方或许正在以自己为对象开展什么计划。

2. 软肋

以茶水间的情况为例。一被异性搭讪就误以为对方喜欢自己，这就是男人的痴心妄想，也就是软肋。软肋是不自觉地被诱饵引诱上钩的推动力。这样的推动力可以是自卑感、食欲、性欲等生理需要，也可以是烦恼或自负等心理。你也有过这样的体验吧？人们很容易因此被当作诱惑的对象，进而卷入游戏中。

3. 反应

如果很不幸，对方的诱饵刚好与自己的软肋严丝合缝，游戏就上演了。

女同事A问："今天有时间吗？"一旦男性回答"有，一起吃晚饭吧""下班后，我们边喝边聊吧"，这就是正中下怀的反应。这样的反应，可以说就是游戏真正开始的标志。其实，只要给出"有什么事，你现在就说吧""怎么了，工作上遇到烦恼了吗"等理性的回应，该男性就不会被卷入游戏中。

每个人或多或少都有不堪回首的痛苦记忆吧？"如果当时，我没有说那些话……""如果那个时候，我没有那样做……"与其回忆痛苦的过往，不如多注意自己今后的言行举止；不仅如此，我们还更应该注意对方的言行举止。只要你足够理性，或许就会意识到，一旦游戏上演，自己的行为就会受到影响。

4. 角色转换

以茶水间的情况为例。游戏开始后，女同事A一开始的话题可能是无关紧要的工作闲谈，但一喝酒，男性就容易放松警惕，这时A会切入主题："其实，我想说，同事B说的话太过分了。"

眼前的年轻女同事泪眼婆娑地哭诉自己在工作中遭遇的委屈和心酸，如果男职员冷静理性的话，应该会问对方："你有没有反思过，或许自己也存在问题。"但是，一旦卷入游戏中，他就不可能这样做。

"真的有点过分了，我会说她的。"他一不小心就拿出男子气概，并轻易承诺。

这时，A会一脸无邪地喜笑颜开："谢谢你，果然，和你说这件事是对的，你很值得信赖。"

"哪里，我没有那么好。"

"我也常听其他女生说，你很值得信赖哦！"

被这样一再夸赞，男人就会得意忘形，乱了分寸。"去我家喝吧，怎么样？"

但这时，A的反应会完全出人意料。"我想你是误会了吧，我只是想和你说说工作相关的事儿而已，你平时就是这样跟公司的人搞暧昧吗？"

这一幕就是所谓的角色转换。角色转换的意思是布置诱饵的人突然摇身一变成了哭天喊地的受害者。进攻与防守，加害者与受害者完全颠倒了。男职员本应是伸出援助、被感激的一方，一不小心就变成了纠缠不休的一方。

5. 混乱

这样，男同事就陷入了角色转换的混乱中，被布置诱饵的人弄得措手不及。因被当作十恶不赦的大恶人，男人自此对同事A避之不及。两人给彼此留下的是不堪回首的记忆和印象。

6. 报酬

所谓的报酬，即启动游戏的玩家想要的终极利益。游戏结果就是玩家的目标，这取决于他的人生脚本及心理地位。

对女同事A而言，排挤自己看不顺眼的男同事也算是一种报酬。有些报酬是一种无意识的需求，比如A拥有的心理地位是“我可以，你不可以”，她之所以会玩这种攻击性的、惩罚他人的游戏，是因为她的满足感在于惩罚他人的无能。

因此，可以说，即使表面上启动的是同一种游戏，其动机及谋求的报酬也会因人而异。启动游戏的玩家最终以失败结局收尾的情况也时有发生，即便如此，他们追求报酬的想法却始终潜藏于心，会不厌其烦地启动游戏。游戏就是这样一种令人头疼的交流模式。

游戏公式

诱饵+软肋 针对男人的软肋，A抛下了诱饵

诱饵 =

= 软肋

反应 男人的反应

= 反应

角色转换 启动游戏的A反而贼喊捉贼，表示被对方骚扰

混乱 男人陷入混乱中

报酬 A通过惩罚他人得到报酬

➡ **“攻击、惩罚”游戏结束**

潜藏在语言之下的真实信息

之前介绍诱饵时，我提到真实信息一词，这一概念对于理解游戏十分重要，因而，我想再详细介绍一下。

真实信息是指语言之下潜藏的实际信息。信息发送者或许也难以意识到这一点，接收者只要不愚钝，应该能通过情景、氛围或表情来判断。游戏始于真实信息发出后，或者说始于接收者接收信息并做出反应的那一刻。接下来，我们来看几个例子，以便理解始于真实信息的游戏。

例1. 婆婆与媳妇的对话

人们常说，婆媳关系永远处于水深火热之中。至少，对于很多婆婆而言，儿媳妇是抢走儿子的“入侵者”。她们认为，媳妇的作用主要在于照顾儿子和传宗接代，因而常常毫不在意儿媳妇个人的人生会发展成什么样。

» 表面信息

婆婆：“工作一定很辛苦吧？注意别累坏了身体哦。”

儿媳妇：“谢谢关心，还好，不算累。”

乍一看，这是婆婆在对儿媳妇表达关心，但实际上，真实信息也许并非如此。

» 真实信息

婆婆：“你应该辞掉工作，一心照料家庭。”

媳妇：“我凭什么要对你百依百顺？”

媳妇听出了婆婆想要传达的言外之意，但还是接受了场面话。她的感受是婆婆不过是把自己当作照顾家庭的工具，根本不可能发自内心地关心自己的人生，因而，她也将计就计，用场面话进行了回答。

例2. 护士与病人的对话

医患关系是近年来人们关注的热点话题，它可能会关系到我们每个人的生、老、病、死。

» 表面信息

病人："我伤口很疼，你能帮我看看是什么情况吗？"

护士："您忍耐一下吧？应该一会儿就不疼了。"

» 真实信息

病人："你的任务不就是悉心照顾我吗？"

护士："没看出来我很忙吗？能不能别总叫我？"

实际上，病人正在借让对方确认自己情况的机会玩故意刁难的游戏；而护士玩的游戏是博取同情、转移责任。

例3. 父母与孩子的对话

家庭中的亲子关系也存在不少问题，尤其是专制型父母与青春期孩子之间经常发生分歧。

» 表面信息

父母："我这么做都是为你好。"

孩子："知道了，烦死了，能不能别说了。"

>> 真实信息

父母："你就应该听我们的话。"

孩子："我的事情我做主，我又不是你们的玩偶。"

从这一真实信息就可以看出，父母打着"为你好"的旗号玩支配的游戏；而孩子玩的是转移责任的游戏。

例4. 上司与下属的对话

职场中最重要的是上下属关系，因为这一关系牵涉权力关系，所以容易让人厌倦。

>> 表面信息

上司："又请假了吧？"

下属："请问，有什么问题吗？"

>> 真实信息

上司："公司处于紧急时期，你应该以工作为重。"

下属："我行使自己的基本权利，没什么不对吧？"

例5. 同事之间的对话

职场中的另一重要关系是同事关系。因为同事之间存在竞争、嫉妒、攻击等情况，这一关系也存在不少问题。

>> 表面信息

同事1：“你和总监的关系不错啊！”

同事2：“没有，只是刚好有共同的兴趣爱好而已。”

>> 真实信息

同事1：“你肯定在谄媚、讨好总监。”

同事2：“我的事儿，轮不着你说三道四！”

同事1的场面话中带有“让对方难堪”的意思，可能是因嫉妒产生的指责或攻击心理。

也就是说，人们时不时会利用语言信息诱导对方参与游戏，以确认“我可以，你不可以”等心理地位。

当然，并不是所有的语言都存在言外之意，而且也没有人会时刻注意这一点。但是，人们很容易借言外之意启动游戏。

无意识启动的7大游戏

那么，日常生活中上演的游戏是怎样的呢？艾瑞克·伯恩列举了30多种游戏，我将其分为7大类。接下来，我将详细介绍每一类的特征。

1. 自我惩罚的游戏——“反正我一无是处”

你身边有这样的人吗？经常犯错，无论提醒多少次都死性不改。焦躁不安的人就容易启动这样的游戏。心理地位是“我不可以，你可以”或“我不可以，你也不可以”的人也容易启动这样的游戏，他们想要的游戏报酬就在于确认自己的无能，并惩罚自己的一无是处。

启动游戏的人会无意识地挑衅他人、招致大家的指责；也可能会惹怒上司，遭受大家的排挤，从而验证“果然我什么都做不好”的消极人生脚本。有些人的父亲是酒鬼，从表面来看，他们会认为“我一定不能像父亲一样”，但是其内心深处很可能为自己强加了一项禁令，即“不能拥有健康的生活”。因此，他会像父亲一样酗酒，过自甘堕落的生活。

2. 攻击、惩罚他人的游戏——“你怎么能这样”

总为一些小事不停抱怨的人很容易启动攻击、惩罚他人的游戏。心理地位是“我可以，你不可以”或“我不可以，你也不可以”的人也容易启动这样的游戏。

启动游戏的人可以通过游戏否定他人，肯定自我，从而确定自我价值。这类人往往具有攻击性，且极度自负。但是，他们在内心深处很可能是自我否定的，是因为想要守护脆弱无能的自己，才会选择攻击他人，以此来肯定自我。

3. 回避责任的游戏——“这不是我的错”

不少人都喜欢在取得成绩时邀功，发生过失时推卸责任。也就是说，在工作中，即使下属是完全按照他们的指示去做的，一旦发生什么状况，他们就会以“你曲解了我的意思”为由将责任推给下属，这就是回避责任的游戏。拥有“我可以，你不可以”心理地位的人会启动这样的游戏。

肯定自我有利于个体积极面对人生。但是，仅仅执着于自我肯定的人往往不懂得认可他人，毫不谦逊，还会推卸责任。考试失败的原因明明在于自己没有努力学习，却归因于自己家不适合学习，没有学习的氛围，像这样将责任转移给自身以外原因的人，就是这类游戏的典型代表。

4. 竞争游戏——“我昨晚又一夜没睡”

这种人总是高调宣扬“昨晚工作了一个通宵”“我一直很努力”“我过得很辛苦”。

事实上，这也可能是一种游戏。启动这类游戏的人深信只有通过与他人比较，得到他人的称赞，才能确认自己存在的价值。对他们而言，自己要不停地吃苦，直到认为自己比他人厉害才行。可以说，工作狂上演的就是这一类游戏。他们每天加班到深夜，是在向周围的人宣告自己的努力。事实上，因为内心深处充满卑微感，他们深信，不努力的自己毫无价值。

5. 支配他人的游戏——“我这样说，是为了你好”

容易上演这类游戏的人有很多，比如因下属对自己没有言听计从就大发雷霆的上司；将自己未实现的梦想强加给孩子，把孩子当作自己的替身来培养的父母。

启动这类游戏的人喜欢支配他人。支配方式并不仅限于强迫他人，也有人会刻意展现自己的不幸境遇，利用对方的同情心来达到自己的支配目的。例如，拥有“我不可以”心理地位的人就善于这样做。

也有些人在向对方征求意见后又一一否定对方的意见，以此来引起对方的反感或打击对方。严重时，对方可能怒火中烧，而这样的效果正中其怀。此外，拥有“我可以，你不可以”心理地位的人一旦启动这类游戏，就可能一边说着“我做的一切都是为了你”，一边任意支配着他人的行为。

6. 复仇游戏——“我一定要一雪前耻”

这类游戏的目的在于报复对自己做出过分行为的人，

例如，假设男朋友和女性同事集体出去团建，女生就会立马生气，蛮不讲理地吵架："你要是再和她联系，我们就分手。"此外，沉浸于复仇游戏中的人无法容忍他人幸福。当朋友被幸福包围时，他们甚至希望朋友遭遇不幸。因为对方比自己好，所以想要报复，以解心头之恨。

7. 依赖游戏——"你为什么不理我"

男朋友没接电话，或是回复短信的时间比较迟，那种焦躁不安、不停打电话的女生上演的可能就是依赖游戏。这类游戏的目的就在于要完全依赖对方。也有人喜欢演悲剧主角，甚至编造谎言，以博取对方或身边其他人的同情。他们总是会哀叹"没人能理解我的痛苦"，试图以此使对方陷入不可袖手旁观的境地。

一般来说，禁令是"别思考""别长大"的人容易启动这样的游戏，所以，他们会倾向于过度依赖他人。离不开领导、始终扮演背后角色的人也可能上演这类游戏。他们不愿承担责任，总希望能够依赖他人。

脚本产生的前提是执念

如前文所述，人们会受童年禁令的影响，构建自己对于人生和现实世界的基本信息，兀自创作出“我的人生就应该这样”的人生脚本，并会为了践行这样的脚本而陷入游戏之中。因此，如果脚本写满了幸福，游戏也将是以幸福为导向的，这样没什么不妥。但是，如果脚本写满了不幸，人们每天都会陷入导向不幸的游戏之中。人生脚本强大无比，即使拼命想要改变，也没办法立即改变。

说到这儿，大家一定关心这样的人生脚本是否可以改写的问题吧？我认为，虽然不能说100%可以，但是有可能改变的。本书将提到具体的办法。

在此之前，我想先谈谈隐藏在脚本中的无数执念。其实，禁令中的“你必须这样做”“你应该这样做”本就是童年的我们不自觉地形成的执念，并没有任何人说过“你必须这样”。即使父母或老师说“你应该这样做”，那是否遵从也是因人而异的。可以说，在你决定遵从他们的要求的那一刻，你就形成了“父母或老师的话一定是对的”这个执念。想要改变已经注定的人生，改变脚本所限定的人生，我们必须舍弃创作人生脚本的执念。

第二章

人生脚本由无数的执念构建而成

执念支配着你的一生

构建人生脚本的执念支配着你的一生，这一点也不为过。试想一下，你是怎样的性格：阳光？阴暗？唯唯诺诺？积极向上？或许大家可能会说自己的性格特征就是这样的。可以说，这就是执念。为什么呢？因为毫无根据。

比如，说自己性格阴暗的人拿什么证明呢？或许你会列举出“不喜欢与人交流”“喜欢躲在房间里”“容易低落”等理由。但是，没有任何人敢说一定如此。选择这一系列行为的不是别人，而是你自己。而且，不断重复这一系列行为的你会自认为这就是性格阴暗的表现。只是从今天起，从此刻起，你要相信性格是后天养成的。

所谓的执念就是毫无根据的念头。执念就像“隐形眼镜”，自己无心戴上它，却还是会透过它来看整个世界。如果给执念下一个定义的话，就是“无合理依据或完全基于错误的依据形成，并以此来断定或确信某件事的无意识心理活动”。其特征有：

①过度认为某种想法理所当然，以至于自己都没有意识到。

②无意识中将某种想法作为前提。

③对某种想法坚信不疑。

④不考虑其他可能性。

⑤没有意识到心理活动是否有依据。

“考入一流大学，进入一流企业工作就会成为人生赢家”这一想法也是执念。即使考入一流大学，毕业后进入一流企业工作，也会有人因为职场关系问题频繁跳槽，也会有人选择辞职在家待业。相反，有人高中毕业，事业爱情却可以双丰收。幸福与否，并非是由大学好坏或公司规模决定的。

此外，“有钱就一定会幸福”也是执念。金钱不过是一张纸，不过是人们出于便利考虑而选择的信用交易。认为拥有某某东西就可以幸福，这完全是一种执念。

执念的产生：为了高效生存

为什么人们会产生执念心理呢？或许是因为执念有利于减轻大脑负担，让生活变得更轻松吧。假如生活完全没有执念，我们会怎么样呢？最极端的例子是，我们不得不思考：“需要穿衣服吗？”“家人可以信赖吗？”“我们需要吃饭吗？”

可以说，你将书拿在手上，自然而然阅读的过程也得益于迄今为止的经验累积而形成的某种执念。为了更高效地生存，为了省去不必要的思考，人们形成了执念。我们在日常生活中有必要在“为什么”这个圈的合适位置打开缺口。

孩子还没有形成执念，所以他们会不停地问大人“为什么”这样的问题。“为什么汽车速度很快？”“为什么爸爸要去上班？”“为什么太阳会发光？”

对于大人理所当然的一切事物，孩子都会不停地一一思考。在这种情况下，大人往往会用自己的执念来打断孩子无穷无尽的思考。

孩子：为什么一定要上幼儿园呢？

父母：因为上幼儿园可以交到很多朋友，学到很多知识，为上小学提前做好准备。

孩子：为什么要上小学呢？

父母：因为要学习啊。

孩子：为什么一定要学习呢？

父母：因为……好了，快收拾明天上学要用的东西吧。

孩提时代，很多人的父母都是用这样的态度对待自己的吧？孩子认为不停地问“为什么”，终会找到最终答案。稍有常识的大人都知道，即使这样问下去，孩子也不会找到最终答案，因而会在适当的时候选择打断他们的提问。

孩子的问题还未得到回答，却怀着疑问接受了“必须学习”的观念，这就是执念的形成。他们甚至可能会陷入“为了考试，必须学习”“必须进入好学校”等执念里。“学习不好的孩子一无是处”这一标签也不过是当代社会顺时应势制造的一种执念而已。

“必须学习”这一观念完全没有合理的根据，同样，生活中的很多事其实都找不到合理的根据。

下面这幅图，有人会看成老太太，有人会看成少女。不同的人之所以会将其看成不同的画，是因为每个人的想法或思考方式不同，他们看待事物时会有一定的先入之见，会根据自己特有的“过滤器”确立自己独特的知觉中心，于是其他信息就会变成背景。

人们往往会根据收集的信息来建立秩序，并习惯性地将不完整的数据补充完整再进行解读。这是因为在人们自己的想法中“过滤器”是唯一的，于是个体会将收集的信息经过“过滤器”进行过滤，用最符合自己想法的信息来建立秩序，并进一步创造自己可以接受的完整“含义”。

执念的3种主要来源

某段时间流行寻找自我。很多年轻人为了寻找真正的自己而去旅行。他们不知道自己想做什么，感觉迷失了自我，找不到人生方向，并为此痛苦。但是，要知道，根本没有真正的自我。“寻找真正的自我”，这不过是执念之一。甚至，再深入分析的话，连“我”都只是执念。

人从出生就执着于“我”的存在。人生也不过是存在于执念中。说到底，人不过是地球这一星球上的生物而已，就好比，浮游生物和虫子有自我意识吗？只有我们人类依存于自我意识和身份才会感到安心。如果就“我执”这一话题继续说下去，可能需要再写一本书。所以，我仅浅尝辄止。总而言之，包括自我存在在内，世界上大多数事物都源于执念。我认为，执念建构了这个世界。执念的来源主要有3种：科学客观的数据；地位与头衔；常识与大众观点。

1. 科学客观的数据

通常大家都喜欢以数据等客观资料作为理论根据。人们常说数据不会说谎，但是，数据并不是完全可信的。以电视台的社会调查为例，所有的问题都是以电视台想要的答案为导向的。

日本各大电视台针对消费税提高10%的问题进行了社会调查。结果如下：

朝日新闻：赞成者占24%，反对者占69%

读卖新闻：赞成者占25%，反对者占72%

每日新闻：赞成者占25%，反对者占68%

产经新闻：赞成者占32.1%，反对者占65.4%

日经新闻：赞成者占30%，反对者占63%

从这些数据来看，有近70%的日本国民反对再次提高消费税。但是，NHK（日本放送协会）针对“安倍首相应该做出什么决定”进行了调查，结果与预想一致，同意提高的占23%，希望延迟提高的占35%，反对提高的占38%。基于这一数据，其报道是“与预期一致，认为应该提高消费税的人占1/4”。“预想”加上“延迟提高”，就变成了50%的人接受提高消费税，这样就完全变成了另一种结果。

或许大家都觉得数字代表客观事实，但大部分情况下还隐藏着需要这一数据的人的意图。即使数字本身是客观的，“怎样解读数据”“会导出怎样的数据”全在于人们的执念。

“地球是圆的”很可能只是人们的执念。我以180名学生为调查对象，就“地球是球体”的确信度问题（最高为100%）进行了问卷调查，平均值达到了80%。让他们列举相信的根据，前三大理由分别是：“从宇宙拍摄的照片中看出来的”（132人）；“教科书上是这样写的”（76人）；“大家都是这么认为的（常识）”（51人）。此外，不相信者的理由最多的是“自己没有亲眼所见”。这一观点是极其重要的。

顺便提及一下，在美国，有1/3的人不相信进化论观点。即使是那样一个科技高度发达的国家，也有人否定人是由猿进化而来的进化论观点。即使是“地球是圆的”这一极其客观且不言自明的问题，很大程度上也受人们执念的影响。

2. 地位与头衔

“电视台是这样介绍的”“医生是这样建议的”“明星也在使用”，很多人都抱着这样的心态盲目相信某些事物。吃香蕉减肥的理念一度流行，以这种方式减肥的人大多是因为看了电视或杂志上的介绍才认为大家都是这样做的，并坚信这么做一定会有效果。像这样，拥有一定社会地位与头衔的人的发言会成为判断根据。

3. 常识与大众观点

我们经常听到这样的话，“这一计划，大家都反对呢”“那个项目，大家都觉得值得尝试”等，“大家”这一用词可随意被使用。但只要我们随口一问：“大家具体指谁？”他很可能只能列举出3个人。

同时，我们常常一看到排着长队的饭店就会认为：“那么多人排队，味道一定不错吧？”但真正品尝后我们会发现，味道也不过如此。即便如此，排队的人依然络绎不绝。这样的现象很奇怪吧？

这一执念源于从众心理——大多数人认为正确的，自己也认为正确。这一心理被称为社会证明心理。一旦陷入这样的陷阱里，人们就会失去自我判断，被周围人的想法所左右，完全丧失自己的思考。

“大家都是这样认为的”“排着长队”这些都不能成为判断的依据。我们习惯性地以常识与大众观点为根据，但我们也应该注意到，其中也不乏执念的成分。

偏见导致执念

不少职场人士一到周日晚上就可能忧虑，“明天又要上班了”。忧虑的想法源于“工作是一件痛苦的事”这一偏见。如果执念是“工作让人快乐”，他们一定会充满期待，满怀激情，度过一个愉快的周末夜晚。

执念产生于变形思维中。即使是面对同一件事，不同人的想法也会不同。只要是人，多少都会存在一些偏见，这是无可厚非的。即便如此，我们也应该知道自己存在怎样的偏见。接下来，我将介绍4种主要的偏见。

偏见1. 刻板印象

心理学中有一个术语叫“图式”，意思是人脑中已有的知识经验的网络。在信息不充分的情况下，人们会用图式来对人进行类推，形成刻板印象。比如，你看见一个带着孩子走在大街上的金发女郎，妆容精致，穿着漂亮的衣服，你会怎么认为呢？或许很多人都会认为“真是辣妈”“应该很不会带孩子吧”“应该不会做家务吧”。这样的偏见就是刻板印象的一种。

当真正了解对方后大家很可能会发现，她教子有方，也把家里打理得井井有条。但是，大家依然会偏执地认为“还是不要接近为好”，并且表现出不愿靠近的态度。像这样贴标签的行为，很多时候都是无意识间完成的，因为贴标签易如反掌。总而言之，人们喜欢将具有同样倾向的人归为一类。很显然，这样的思考方式更轻松。

偏见2. 欲望

男性不由自主地多看两眼大街上穿着性感的女性，这应该属于本能。欲望是人们产生偏见的根源之一，表现之一被称为本能驱动。听起来，本能驱动就像是个体采取行动前不加思考的行为，但事实上，这是偏见的作用。比如，某个人不停地吃甜食是因为有想吃甜食的欲望，更深层次则是因为“吃甜食会让人变得幸福”的变形思维。

偏见3. 情绪

情绪会影响认知，喜怒哀惧也会导致偏见。假如你的上司很爱开玩笑，当你自己心情好时你可能会对上司充满谢意，认为上司“很会活跃气氛，真给面子”；但当自己身心疲惫时，你可能就会抱怨“真是看不懂场合呢”。甚至，当看到别人成功时，如果自己状态不错，你可能会发自内心地表示祝贺；而自己不顺心时则会一边表示不屑，一边心怀嫉妒。大家有过这样的体验吗?

这就是所谓的情绪效应。也就是说，当我们心情好时，我们会积极地看待一切，心情不好时则会消极地看待一切。心情会左右我们看待事物的方式。

你是否有过这样的感受，给朋友或恋人发送消息，对方一天之内没有回复的话，你就不安。在不安的等待中收到冰冷的回复后你就会更加不安，你可能会有“我做了什么惹他生气了吗”“他是不是开始讨厌我了”的类似想法萌生，这也是变形思维。事实上，对方很可能只是工作太忙或沉浸于自己的兴趣爱好中忘了回复你的信息。而你，则给自己找了无数会导致不安的因素，进而影响到自己的情绪。

偏见4. 自我意识

有些女性经常产生“我很……”这样的自我评价。我想大家多多少少都会分析自己的性格，比如在履历表中自我评价（优点、缺点）一栏填写的“诚实守信”“永不言弃”等，这不过是偏见。

心理学中的自我意识是指个体有意识地认识自己，如自我评价等。自我意识高的人通常会不断反省自己的行为，试图理解自我，并特别在意周围人怎么看待自己。也就是说，自我意识高的人会在意他人的评价。

注意发型和穿着时尚也是因为个体在意他人的评价，即周围人怎么看待自己。最简单的例子是，男性都会耍帅扮酷。而“女性一定喜欢耍帅扮酷的男性”这一执念就是根源。虽然毫无偏见地看待世界几乎不可能，但是只要能意识到偏见的存在，我们就可以变得更冷静、客观。

执念是深信不疑的信念

执念用在某些成功人士或事件上时可理解为信念，因此，信念从某种程度上来说也是一种执念。或许大家会认为，孩提时代父母教育过于严厉或经历过残酷的体验的人在长大后身心会变得很强大。但其实这并非是环境的影响，可能是执念的作用。

每个个体存在的基础就在于内心深信不疑的信念。我们每个人信以为真的就是信念。比如，你相信“沟通就可以得到理解”“人是可以相互理解的”，这些也可能只是执念。如果交流沟通就可以实现彼此理解的话，世界上就不会存在战争了。而现实是，我们常常和邻居闹口角，甚至愈演愈烈，最终走向诉讼。这样的案例也不在少数。所以，交流与沟通并不能解决所有的问题。我们深信不疑的信念往往始于以下想法：

1. 现实应该与我们自认为存在价值的事物相符

甘地和特蕾莎修女是拥有信念的人吧？他们认为印度独立运动、救助贫苦的人们是有价值的，并为了实现这一切采取了积极行动，改变了世界。他们找到了存在价值的事，并努力使之与现实相符。可以说，成为他们信念之火种的其实是一种执念。

不仅仅是社会活动，商业战略也是如此。“楼梯自己会动的话就好了。”这一想法导致了电梯的出现。“不用自己动手，门就会自动开关会很方便。”于是自动门产生了。人们发现了存在价值的事物，并坚信世人也会认同，即“人们一定会接受这一事物”，这就是执念。像电梯和自动门确实是应人们的需求而产生的，属于成功的商业行为。但即使是基于“人们一定会接受这一事物”的想法，最终人们完全无法接受的商业想法也多得可怕。但对于发明者自己而言，有价值就会与现实需求一致，这一想法就是强大的信念。

2. 存在即价值

人有一种倾向，就是喜欢探索事物的意义。事事不顺时，人们就会认为“一定意味着什么”，于是去看手相，去占卜或去祭拜祈祷。事实上，这不过是坏事儿偶然成堆了，跟玄关位于鬼门方角、灾难之星诞生毫无关系。把事物看作虚无，什么都不想就不会产生信念。但若认为发生的一切都存在意义，这一想法最终会形成信念。

3. 大家的想法和自己一致

“男人就应该很强大”“努力就会得到幸福”“有钱能使鬼推磨”等想法产生的原因大部分在于大家都是这么认为的。这样的想法会变成信念。而且，以这样的想法为出发点行动还会加强信念。

个体拥有强大的信念就有了行动方针，也就有了自信和执行力，而且会为此感到快乐。同样，个体一旦失去信念，就会失去自信，失去活力。这样看来，拥有信念很可能是一件好事。

但是，不能说信念就是百益无害的存在，因为有好的信念，也有不好的信念。而且，不好的信念很可能会导致悲剧。比如，大部分战争之所以产生可能是源于“自己是正确的”“这是正义之战”等信念。

执念是了然于心的潜规则

当你听到“大众的看法”时，会想到什么呢？企业一旦发生什么意外，上层领导就会鞠躬谢罪，这是大家习以为常的一幕。

日本的大部分道德伦理都关乎大众的看法。日本人的很多行为不是因为命令，而是自发地采取的。“不能给他人添麻烦”“必须遵守大家默认的规则”是每个人都了然于心的潜意识。但常用大众观点来看待问题，就会陷入执念中。

与之相反，欧美国家的伦理规范都依附宗教。所以，他们不会特别在意大家的看法，每个人都是独特的个体。他们盛行个人主义，并在此基础上建立个人与上帝的关系。

接下来，请大家回答以下问题。

①孩子应该上学。

②不应该破坏气氛。

③不应该问女性年龄。

④ 约会时，男方请客。

⑤ 应该根据对方的年龄和地位改变态度。

⑥员工犯错后，上司即使没有任何直接责任也应该谢罪道歉。

⑦在大家都加班的情况下，一个人按时下班很奇怪。

⑧ 出门前应该整理着装，尤其是女性。

⑨一定要回复新年贺卡。

⑩长大成人后，理应结婚生子。

如果你符合6个以上，可以说，你被常识束缚了。

把这些执念视作理所当然的人的心理地位是“我不可以，你可以”。他们所拥有的禁令很可能是“不要独自思考”“不要擅自行动”“不要成为重要的人”，他们容易面向周围的人或团体上演依赖游戏。

当然，我并不是说要完全避免以上行为。我们生活在现实中，往往会一边心存疑问，一边乖乖就范。我想强调的是，不要无条件相信一切，一旦封闭内心的疑问，就会将自己困于执念中。我们总会习以为常地说“这很正常啊”“这是常识”等，将思维拘泥于正常现象或常识。但是，这些所谓的基准，是由谁、于何时定下的呢？

“正常现象”和“常识”仅仅是在某个时代大部分人都相信的想法。在家庭、学校、兴趣小组中，常识随处可见。大家都学会了遵守潜规则，如“在课堂上不说话”“在公司不能做任何与工作无关的事”。生活中有礼节和规则，才会有秩序，我们的生活才不会陷入混乱。这样的墨守成规如果毫无坏处，当然好了。但是，对常识的盲目遵守并非有益无害。比如大家都在加班，某个人按时下班就显得很奇怪，而他强迫自己加班也会感到痛苦。其实，并没有法律明文规定一定要加班，完成自己的工作就下班也无可厚非。无论周围的人怎么看自己，如果不想每天都疲于工作，按时下班就好了。长此以往，按时下班就会变成常识。生活中的常识是在不断变化的。在这种情况下，“为了自己的生活，按时下班”变成信念也并不算坏事。如果因此充实自己的人生，陷入执念也是值得一试的。

补充一点，网络也是助长常识的工具。可以说，媒体会导致一些心理控制事件。某一评论上头条时，你也会深信这是大多数人的意见，从而将之作为自己的判断基准，甚至可能诱发新的社会舆论。此外，因为网络的匿名性，人们可以毫无顾忌地畅所欲言，表达一些无须负责的过激意见，这很可能导致集体意识的极端化。我们有必要思考这是否真的是大众的意见，是否应该有我们自己的个人判断。

执念是试图读懂人心

你是否从小就经常听大人说："要试着站在对方的角度思考问题。"在商务活动中，也常有"一切站在顾客的角度思考""要了解顾客的需求"等要求。那么，别人的想法真的如此容易解读吗？其实，大多数情况下我们不过是自认为懂了而已，这仅仅是执念而已。

在心理咨询中，心理咨询师和来访者进行面对面交谈，倾听他们的心声，使用罗夏墨迹测验等方法，极力去理解来访者的心理世界。即便如此，咨询师也很难做到100%地理解他们。因为读懂人心并非易事。

你是否有过这样的想法，“自己给别人留下了坏印象”“他是不是很讨厌我”，明明很难站在对方的角度思考、理解对方的想法，却以为可以轻松理解对方的消极心理。一旦上司只要脸色不好，就猜测是自己做了什么事惹到了上司，并自觉避开；向对方打招呼，却没有得到回应，就会认为“他一定很讨厌自己”。

心理学中有一个词叫读心，但并不是指拥有超能力控制心灵感应，可以直接解读对方的心理。而是指仅从对方的一个小动作或是随口说的一句话就断定“他一定是这样的”。随意断定他人的心理，一旦过度，就可能变得很可怕，必须多加注意。

容易陷入这一思维的人一般有“我不可以，你可以”的心理地位。由于极度缺乏自信，所以他们对他人的价值观和评价极其敏感。即使感受到了他人的敌意或恶意，也并不能简单确定他人的想法就是如此。即使真的如此，也有必要探讨是否有必要在意。

执念是盲目自信

常有人说，生意场上的成功者拥有超级自信。这样的自信毫无疑问就是一种执念。

有一则名人轶事是这样的。软银集团的总裁孙正义创业之初就扬言：公司会发展成每天营业额以兆为单位的大集团。当时，听他说完这话，2名员工因吃惊而辞职。他们认为他是毫无根据地自信。但是，正是在这样的自信之下，他勇敢挑战，终于将自己的公司打造成如今进军美国的大规模企业，2014年3月，公司一天的营业额首次超过了1兆，他实现了自己的预言。

常言道，相信就有奇迹，有想法就可能变成现实。事实上，无论多么深信不疑，梦想最终落空的人也不少。有人可能认为现在的自己并不是真正的自己，也有人可能认为“只要努力就可以得到认可”，相信读到此刻，大家也看出来了，这一系列想法也是执念，是没有任何确凿依据的。但是，这样的积极想法一旦成为原动力，人就会爆发出难以想象的实力。无条件相信自己，不仅可以促使自己越过眼前的壁垒，也会激励自己提升自我。

英国家电制造商戴森的创始人詹姆斯·戴森（James dyson）曾说：“我的成功在于运气好，但也是我自己争取到的好运。”大家一听这话一定会信以为真，认为他的成功单纯因为运气好吧？事实并非如此。他花了5年时间，试验了5127台测试机，才开发出了不需要纸袋的双旋风分尘器。他之所以能实现自己的目的，制造出理想的产品，不是因为运气好，而是因为他的努力。产品畅销与否可能完全取决于运气，但我认为，即使销售不好，他也一定会想办法不断改进产品，直到畅销为止。

他之所以能够不断地试验新产品，是因为抱有“这款产品一定会大受欢迎”“这款产品将会改变世界”这样的信念。正因为有了如此积极的信念，他才会付出实际行动，最终走向了成功。当然，因为这样的信念毫无依据，所以，必须意识到“有信念就会成功”也只不过是一种执念。他之所以会产生这样的盲目自信，是因为他拥有“我可以”的心理地位。

唯一需要引起警惕的是，当执念被用于积极方面时，它就可能会取得成功；但一旦执念是毫无根据的，就可能会导致失败。这是因为如果我们内心深处潜藏着“不能成功”的禁令，或者受“要加速”这一驱动力的驱动，我们就会启动自我毁灭的游戏，失败就会上演。

执念是血型、星座、性格分析

我想继续谈关于执念的话题。血型是陌生人初次见面时最常用的判断根据之一。联谊会上，你可能会听到这样的话："你很会照顾人，会给大家分配食物，应该是A型血吧？"

从学术观点来看，血型与性格没有任何关系，这是毋庸置疑的。

血型并非只有A型、B型、AB型和O型四种。日本登记的常见的血型有20多种，有OH型、P型、D缺失型等。这些血型的人去算命时不知该以哪种为基准，很可能会困惑不已。

可以说，认为只有4种血型，本身就是一种执念。

顺便说一句，基本上没有任何国家像日本一样如此流行血型算命。比如，美国的土著居民印第安人有70%以上都是O型血，这种情况下，用血型来进行性格分类就毫无意义。在日本，4种血型所占比例较为均匀。我想，这就是日本流行血型算命的原因。此外，流行血型算命还可能包括以下原因。和朋友相聚时，如果想要活跃整体氛围，就可以选择血型这个话题，这样大家都能参与其中。另外，这个话题简单，容易理解。A型血的人严谨，B型血的人善变，O型血的人稳重，AB型血的人感性。每一种血型都有大家能接受的特征。

“他属于这一类。”对于喜欢结交朋友的日本人而言，他们往往像这样去区分对方的性格，并在此基础上认识对方，这是非常便利的方式。至于对方的价值观或思维方式，即使不进行深入交流，不去刨根问底，也会通过“他是AB型血”等来进行判断和了解。

多数日本人喜欢定位他人。“一般在大企业工作的人都很刻苦努力”“公务员值得信赖”，像这样，他们会通过个体所属的团体，而不是通过思考来判断一个人。相信血型决定性格的人，会从经验上判断“B型血的人任性且怪异”，因为自己迄今为止遇见的几个B型血的人都是这样的性格。但是，仅仅是少数样本并不能代表统计数据。“任性且怪异的人”并不全是B型血的人，也有很多其他血型的人。即便如此，别人一说“你是B型血，你与别人不一样，你的创新能力很强”，你可能就会深信不疑，认为“好像是这样的吧”。

在心理学上，这叫“巴纳姆效应”。也就是说，即使是最普通的性格特征解释，人们也会相信说的就是自己。“我是A型血，所以一丝不苟”“我是B型血，所以比较我行我素”。大家会这样想的原因就在于巴纳姆效应。“射手座喜欢冒险”“金牛座比较稳重”等星座占卜也是同样的道理。甚至可以说，巴纳姆效应可以让任何人都相信说的就是自己。

1948年，美国心理学家贝特伦·福勒（Bertram Forer）给学生的心理测试结果写的是“你非常有才能”“你既外向开朗，擅长社交；又比较内向，成熟稳重”。看到该内容的学生全都认为“完全说的就是自己”，但是，其实福勒给每个学生的评价都是一样的。

像这样，每个人都倾向于把适用于所有人的性格分析当成仅适用于自己的独特性格特征，这样就容易形成塑造个人性格的执念。因此，可以说，性格并不会因血型不同而不同，相信血型测试也会导致执念的产生。顺便说一句，容易相信血型诊断的人内心深处很可能潜藏着“不该是你”这一禁令，也容易上演与大众步调一致的依赖游戏。

执念是第一印象

据某新闻调查显示，82%的人非常看重第一印象。人们会根据对他人的第一印象来对待他人，并期待结果和预期一致，这被称为期待效应或皮格马利翁效应。举例来说，如果事先告诉老师某个学生成绩很优秀，老师就会给予这位学生极大的期待，授课方式也会变得更加彬彬有礼，该学生也真的可能变成优等生。

有人进行过一项调查，根据3组照片来判断照片里人物的性格、未来的婚姻、职业及幸福感等，结果显示人们对颜值高的人评价更高。面对颜值高的女性，人们的描述都会更加具体，倾向于认为她们性格好、更适合结婚、会成为职场精英、会过得更幸福；而对于颜值高的男性，则倾向于对他们所做的一切给予积极评价，比如体格强健、高大威猛、在公司地位更高。

其实，事实并非一定如此。希望大家能够意识到我们习惯于被第一印象所左右。过分注重外表，一次又一次美容整形的人所拥有的禁令是“不喜欢真实的自己”“不该是你”。他们认为自己的价值依赖于他人的赞赏，很可能启动竞争游戏来谋求他人的赞赏。

执念是盲目的爱情

有一句话叫“情人眼里出西施”，确实如此，恋爱中的人都是盲目的。英语“Love is blind”和法语“L Amour rcnd avcugc”中都有类似的解释，可见这一执念通行于全世界。恋爱始于异性的神秘化和自己对异性的理想化。但是，随着不断交往，渐渐加深了解后，就会发现对方并不是“理想对象”。

所谓的爱，可能就是强烈希望对方能够幸福的情感。爱一个人时，人们会把对方当作自己来对待，也会把对方的某些部分误认为是理想中自己的样子。这样一来，人们就很容易脱离现实，把对方完全理想化。虽然有些扫兴，但我还是想说，不存在没有虚幻成分的恋爱，90%的恋爱都只是执念。

或许每个人都希望有异性缘，这样的想法十分正常。但有人会陷入“没人喜欢我，我就不会过得幸福”的想法。其中也有人可能会因不能结婚而感到焦虑不安，这就是受执念支配的例子。但结婚并不等于幸福。也许你会认为结婚后就会自然而然拥有幸福的家庭，但事实是，只有夫妻双方共同努力，才可以拥有幸福的家庭。更残酷的是，两个价值观完全不同的人突然生活在一起，一定少不了分歧和争吵，这是毋庸置疑的。

恋爱保质期一过，两个人才会开启真正的交往模式。在这一阶段，双方可能会对彼此失去新鲜感，不再有扑通扑通心动的感觉。但是，亲情或尊重这种感情会随之产生。也就是说，双方从幻想阶段走向了实体关系。当然，也有过得很幸福的单身主义者。幸福并不是由大众决定的，而是由自己决定的。

此外，在未婚人士中也有因为没有理想的对象而选择了单身的人。这种情况很可能是因为他执念于“妥协就是认输”。也就是说，比起与自己所欣赏的人结婚，这类人更希望周围人会夸赞的对象结婚，如“你老婆真漂亮”“你老公真帅气”。这类人童年时很可能缺乏“你自己的价值观很重要”“不需要在意他人的评价”等教养经历，而建立了他人的评价更重要的价值观。他们可能存在独断观点或自我中心的变形思维。他们很可能因为过度在意个人自尊和大众评价，从而上演竞争游戏。

执念是心理暗示

压力是在当你意识到“我觉得我有压力”的那一刻起作用的。这就是为什么面对同样的境遇，有人会感到巨大压力，有人则不然。在工作中遇到困难时，有人会干劲满满，认为这是最振奋人心的时刻；也有人会觉得压力满满，不想上班。人们之所以会感受到压力，是因为“我自己应付不了这样的状况，这件事一定影响极大”的执念。这很可能会导致心身症（自主神经失调症），并影响身体健康。

压力带来的不安心理会导致肌肉、血液、内脏、内分泌等身体组织发生变化。同样，愤怒、恐惧、担忧、受惊、胆怯、悲伤、不满等消极情绪也会给身体造成过度刺激，引起紧张感。比如，愤怒容易使血液凝固，使血球数量增加，使消化管道的血液流量减少，使心跳加速，使血压升高。此外，有些人身体素质不好，这本身也会成为压力，从而诱发主体更大的压力。也有些人身体出现一点点异样就认为“一定病得很严重”，从而因过度担心而变得焦躁不安。

人人都活在执念的世界里

人们活在执念随处可见的世界里。常识、大众观念、血型、第一印象等全都是执念。大部分人眼中的人生重头戏——恋爱与结婚也带有不少执念色彩。进一步而言，连经济发展好坏也是一种执念。经济景气、经济萧条是人们创造出来的概念。经济景气时，人们就会生活幸福，反之则不幸。这不过是一种执念。

因此，执念存在于我们所生存的世界的每一个角落。甚至可以说，有了执念，才有了这个世界。如第一章所述，你的人生演绎的是自己书写的人生脚本，其内容就是无数的执念。因此，只有丢弃消极的执念，你的人生脚本才有望更改。

本章介绍了众多执念。接下来，我将详细介绍执念的构成。

跳出执念，改写脚本

第三章

剖析支配人生脚本的执念本质

执念形成的4种外在因素

每个人都拥有自己的执念。可以说，你头脑中的想法很多都属于执念。那么，执念究竟是怎样形成的呢？本章将深入揭示形成执念的4种外在因素。

因素1. 家庭教育

常说家庭是最小的社会团体。人们通过家庭生活学会交流，理解社会规则和礼仪。父母认为小孩子不应该在公众场合大声喧哗，孩子的想法也会如此。相反，如果父母认为孩子天生就爱热闹，即使孩子大声喧哗，父母可能也不会制止。我们无法肯定地说哪种教育方式绝对正确。但我们可以肯定的是，即使毫无证据，只要父母认为是对的，孩子也会渐渐地坚信这是对的，最终形成和父母完全一致的想法。也就是说，孩子会跟随父母的步伐不断成长。

很多人都有这样的体验：因为父母经常这样做，所以自己就会以为这是一种常见的习惯，但事实是这只是自己家庭的习惯而已。

亲子之间或亲朋好友之间形成的执念数不胜数。孩子长大成人后就会明白，家规并不是一切，世界上存在各种各样的价值观，但是对童年时期的孩子来说，与父母的交流就是一切，和父母之间发生的故事就是整个世界。童年时期的社会环境会对我们认知世界产生极大影响，尤其是父母对我们的影响更是超乎想象，这样的影响左右着成人后的你。

因素2. 学校教育

学校的教导理念一般都是提高集体行动能力、集体合作水平和协调性，如“见面要打招呼”“不能在楼梯间奔跑打闹”“要尊重长辈”“不可以浪费粮食”“大家要友好相处”……

这一切都是以“好人都这样做”这一执念为前提形成的。

教育是以国家历史文化中积淀下来的善恶好坏观念为基准，并以此教授孩子待人处事之道的行为。观念和价值观因国家不同而不同，严格来说，任何教育都不能保证绝对正确。在日本，留级给人的印象就是成绩落榜；而在芬兰，人们对此却是积极评价，认为与其以基础薄弱的状态直接升学，不如多花点时间夯实基础。

其实，“通过测试才是优秀学生”这一说法也是一种执念。即使一个人进入数一数二的大学上学，也不一定代表他已经足够优秀。很多企业常常反映，不少学生虽然学历很高，但工作能力很差。这是因为社会所需要的技能和知识与考试内容大相径庭。

对童年期的孩子来说，仅次于家庭教育的就是幼小教育，尤其是幼儿园教育，是孩子形成执念的重要原因。

因素3. 企业文化

身处职场的人会产生各种执念。企业运作的根本目的在于赢利。大家普遍认为，只要收入提高了，就会过上幸福生活。对企业人士而言，最根深蒂固的想法是只要经济发达、物质富足，生活就会幸福。这就是一种潜藏的执念。

不少工作狂为了出人头地，不惜为了工作牺牲一切。他们一切以公司为重心，从早到晚一心只关心工作。他们认为公司的繁荣发展才是自己人生不可欠缺的根本部分，也关乎自己的个人定位。一旦陷入这样的执念中，无论让他们做什么，他们都心甘情愿。

大家多多少少都会有职业偏见，比如认为教师是神圣的职业，警察是热血铁汉，医者在于仁术。也就是说，企业文化决定了执念。

因素4. 社会常识

社会规则和价值观受国家、地域和时代的影响之大，令人瞠目结舌。举例来说，因为终身雇佣制度的存在，泡沫经济发生以前，很少有人跳槽。但是，随着泡沫经济的崩溃，雇佣制度和经济形势发生了极大的变化，很多人为了追求更好的条件而跳槽。

我们常认为，出门要锁门是基本常识，但是现在有些地方的人们出门仍然从不锁门。即使家里无人，周围邻里登门拜访也十分常见。

因此，“社会常识”这类观点也并非是亘古不变的。

执念源于难以控制的自主思考

想要理解执念，首先应该理解的重要概念是自主思考。假如，你去山上徒步旅行，你一边和朋友尽情交谈，一边欣赏着路旁盛开的野花，突然从树丛深处传来一阵沙沙的响声，草木不停晃动。一般情况下，人们这时都会想到蛇或熊，心惊肉跳，匆忙地想要躲藏起来。

心理学上将人们在某种状况下或事件突发时不自觉产生的倾向称为自主思考，也就是说，他们没有任何根据和理由，平白无故地就得出了结论。可以说，自主思考原本是人类为了保护自我而练就的一种技能。请大家想象一下地球上四处游走着恐龙的远古时代，那时人类还处于进化过程中，仅仅是可能沦为恐龙盘中餐的弱小动物。

所以，一旦自己附近的树丛深处传来声响，他们根本没有时间冷静观察和思考是什么情况。这时，不迅速行动就可能丧命，所以，人们什么都不用思考，只需要做出这种反应："有危险，快逃跑。"因此，作为人类技能之一的自主思考，特征如下：

首先，自主思考很难受个人意志控制。大多数情况下，自主思考是与个人独特的生存法则相关的指令，头脑中得出的结论或想法是突然击中内心的，完全不可能靠冷静制止。如同条件反射一样，他们没有时间先思考再反应。或者可以说，自主思考不需要任何多余的思考，大多数都属于无意识思维。因此，即使意识到蛇并不危险，他们也很难消除内心的恐惧感。

其次，自主思考的另一特征在于，由于每个人对事件的解读不同，想法和反应也会不同。引起自主思考的刺激源很多，语言、风景、声音、气味都有可能引发自主思考。生活在海边的人看到海景可能就会想起故乡和童年生活；有人听曾经的流行歌曲仿佛就回到了过去；也有人因有过吃坏肚子的记忆，看到牡蛎就直冒冷汗。

自主思考是人类进化过程中不断形成的一种技能，因而不能被简单地定义对或错。但是，如果你总是产生“动辄就感到不安”“一不小心就变得急切”等消极的自主思考，就容易给自己带来麻烦。有些年轻人在聊天时朋友没有秒回信息，想法就会十分消极——“完全不在乎我”“肯定是烦我了”。可以说，他就是陷入了急不可耐的自主思考中。网上联系看不到彼此的表情，仅仅通过文字没办法传达真实的感情，所以很容易引起误会。

在自主思考的作用下，人们可能连状况都不明就采取行动。本来只要认真听完说话内容，就会知道对方并无恶意。但是，大家通常只听一部分就开始感到不满，并打断对方，说出过分的话。这也是一种自主思考。这样的自主思考容易导致整个事态愈演愈糟，愉快的对话也会变成轻微的口角之争，甚至会导致绝交或分手。

导致执念的9种变形思维

无论是经常使用积极表达的人还是消极表达的人，其自主思考都是不由自主的。人想要正确判断事物，必须先正确把握情况。但是，事情并非如此简单。人们总是会带有偏见地认识事物，也会在信息不充分、情况不明确的情况下进行判断。面对困难问题时，仅凭借直觉和经验，而不去深入思考就得出简单的判断，心理学上称之为探索法。

探索法与自主思考一样，本身并没有什么不好。如果没有这样的探索法，人们做决定时就会花费大量的时间和精力，也会因此而感到疲倦，无暇顾及其他事。当然，并不是说依靠探索法就可以得出正确结论。迅速的判断力是如今社会所需要的能力。但是，有时候如果不冷静下来了解情况，我们很可能陷入之前所介绍的变形思维中。

我将介绍9种比较典型的变形思维模式。大家可以对照一下，看自己的自主思考是否存在这样的问题。

1. 非黑即白

善良还是邪恶？新的还是旧的？身材削瘦还是身体健康？保守派还是革新派？帅哥还是丑男？聪明还是愚笨？像这样，无论什么都参照非黑即白的标准，这就是一种心理偏见。但事实是，现实中的很多东西都没有鲜明对立的两极，甚至可以说，黑与白之间的灰色所占据的空间更大。

2. 过度泛化

对很多人来说某些事不过就发生过一两次，他们就深信“每次都会如此”“一切都会照旧”，这种类型就属于心理偏见。比如，有些人经历过一次被异性抛弃的经历，就觉得自己这辈子都不会被人喜欢；只有一小部分人说过讨厌自己，就觉得公司所有人都不喜欢自己。这样的人很可能就是受这一变形思维的影响。此外，认为无论自己怎么努力，也改变不了什么，像这样动辄说“无论如何”的人，也是受过度泛化的影响。

3. 消极过滤器

就像过滤东西一样，消极过滤器能过滤掉积极的部分，保留消极的想法。不看整体，执着于一些小瑕疵，这样的人就有消极过滤器。

例如，上司因为信赖安排下属任务，有人却认为这么棘手的事儿安排自己做，肯定是上司对自己心存不满，刻意刁难。把事情往坏处想，这就是消极过滤器的思维。

只要存在消极过滤器，个体一旦遇到挫折就会一蹶不振，认为“实力根本算不了什么”“迄今为止不过是运气比较好”。过去的成功体验和自己建立起来的自信心，全都失去了价值。只看别人缺点的人也可能是自带消极过滤器的人。总之，只看消极部分的思维倾向就是一种变形思维。

4. 妄下结论

草率断定是每个人都可能犯的错，一旦过度就容易形成变形思维。这样的偏差大致可以分为两种模式：

①过度解读他人心理

这是指通过别人的言行举止，随意推测对方的想法，并断定对方的想法就是如此。假设，你想找同事要资料，正准备开口就被对方毫不客气地拒绝了。这种情况下，你会怎么想呢？如果是“可能他太累了吧”这样的想法十分正常；若认为“我是不是做错了什么”“他可能很讨厌我”，你就可能存在变形思维。在企业里，适度揣测对方的心理并因此调整自己的行为很重要。但是，如果你过度在意别人的想法，就容易使自己陷入消极的想法中。

②预想有误

有些人毫无根据地想象消极结果，认定未来充满黑暗，断言“我一辈子都不可能结婚”“我是成不了什么大器的”。这很可能就是受这一变形思维的影响。这样的偏差一旦加剧，就可能导致个体产生破罐子破摔、否定一切的想法，甚至可能演变成自我毁灭式行动。这样的思维必须引起重视。

5. 过度放大或缩小评价

这一变形思维在于，个体刻意放大自己的短处或失败，缩小自己的长处或成功。这类人反差很大。面对大家都认可的成功时，他们会一本正经地认为自己还没到那种程度；但当面对自己的一个小错误时，他们却严厉责备自己居然犯如此大的错。

这样的人思维极端，所以他们对待自己和他人的态度对比鲜明。他们可能是人们眼中严于律己、宽以待人的大好人。他们任何时候对自己都很严厉，对他人却温柔以待。如果只是对这一变形思维有适度的执念，可以说这类人很懂人情世故，待人处事也应付得很好。但是，一旦过度的话，他们就会活得辛苦，还可能因此让生活走向不幸。

6. 感情用事

这类人会认为，自己所感受到的、心里所想的就是正确的，因此他们不会冷静思考，而是任由自己的感情支配自己的行动。“那个人情感冷淡，肯定缺乏同理心，一定不会有什么大成就”“我现在如此不安，这个项目一定会以失败告终的”，他们会像这样，仅凭自己的感觉来做出判断。当积极情绪渐渐消失、消极情绪占上风时，人们就容易变得感情用事。

7. “应该”思维

这是指无论做什么，都是“应该……”“必须……”的片面断定思维。“下属应该遵守上司的命令”“上司交待的事必须全部都完成”“孩子不可以顶撞父母”，你是否也有这样的体验，无论做什么都执念于“应该……”呢？一旦执念过度的话，思维就会变得呆板，生活也会变得极其拘谨。

8. 贴标签

举例来说，“我性格内向，不擅长与人交流”是给自我贴标签。一旦产生这样的想法，我们和别人交谈时就会不自觉地感到紧张，能不说话时就保持缄默不语。如果持续如此的话，与人接触就会变成令我们自己反感的事，我们可能会选择逃避，最终导致我们难以与人顺畅交流。因此，标签会使人陷入恶性循环。

9. 牵连自我

这一变形思维是，事实上与自己并没有直接的关系，却还是会责备自己“是我不好”“都是我造成的”。比如你去办公室时刚好遇上上司心情不好，自己被骂得狗血淋头。这种情况下，大部分人都会认为说话时机不对，但是只要你产生牵连自我的思维，就会认为是自己的责任。如果你经常产生“后辈没有进步，是我的指导有问题”“家庭不幸都是由我造成的”等思维，很可能就是因为这种变形思维的存在。

执念结构

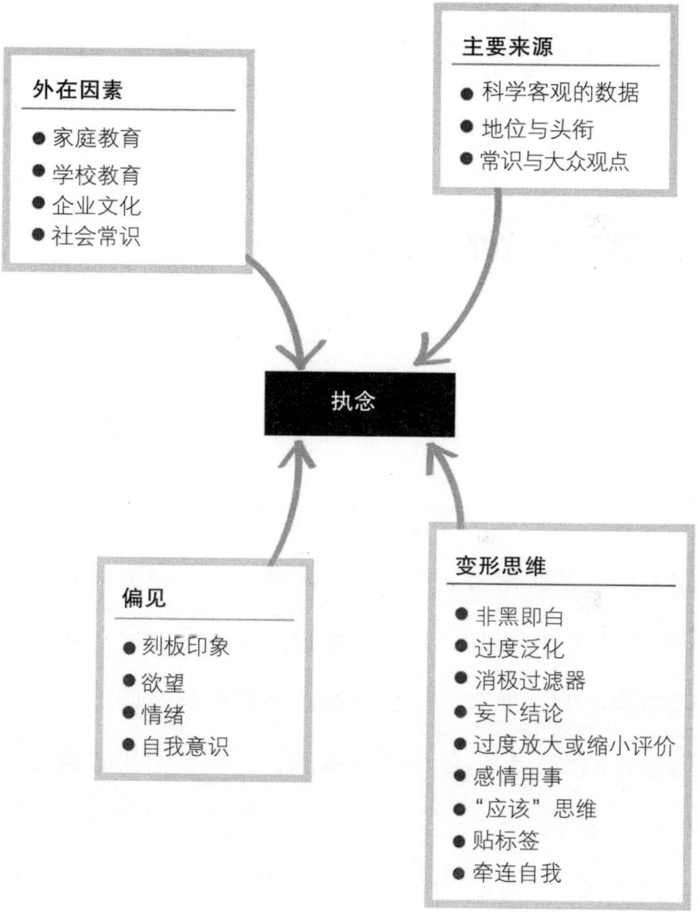
外在因素
家庭教育
学校教育
企业文化
社会常识
主要来源
科学客观的数据
地位与头衔
常识与大众观点
执念
偏见
刻板印象
欲望
情绪
自我意识
变形思维
非黑即白
过度泛化
消极过滤器
妄下结论
过度放大或缩小评价
感情用事
“应该”思维
贴标签
牵连自我

制止执念的4个步骤

想要探索内心潜藏着怎样的执念，我们就必须知道哪种自主思考在起作用。执念完全潜藏于心，自主思考也是无意间起作用的。因此，我们仅通过简单思考，是很难意识到自己的执念的。那么，什么是根源性的执念？如果不阻止这“万恶之源”，我们就没办法战胜它。制止自我的执念，需要一定的技巧。

接下来，我将重点介绍一下执念对话分析法。

第1步．列出问题清单

“接下来，请你写下你的问题，所有你记得的、能意识到的问题”，这是心理咨询或心理分析疗法中最常用的初级阶段的表达。同样，想要制止执念，我们首先需要找出自己面临的人际关系问题、心理压力等。但是，如果事实如此简单，人们就不会存在烦恼了，或者不需要心理咨询或心理治疗，他们就能解决自己的问题了。所以，希望大家在这一阶段一定要保持放松，不要有心理负担。大家不需要深思熟虑，可以想起来就做一下。做问题清单最基本的是一行一个重点地列举出问题。你可以写下自己念念不忘的、耿耿于怀的、担忧烦恼的所有问题。比如：

害怕正式场合

身体怎样都不舒服

公司所有人都讨厌自己

自己的计划不能顺利进行

对未来感到不安

第2步．制作执念分析图

执念分析图是将面临的问题“根源”进行可视化，以便找出执念。

首先，选择要解决的事件。事件确定后，以此为起点，将可能的原因分别按照左右或上下方向排列，一步一步地展开。

执念分析图

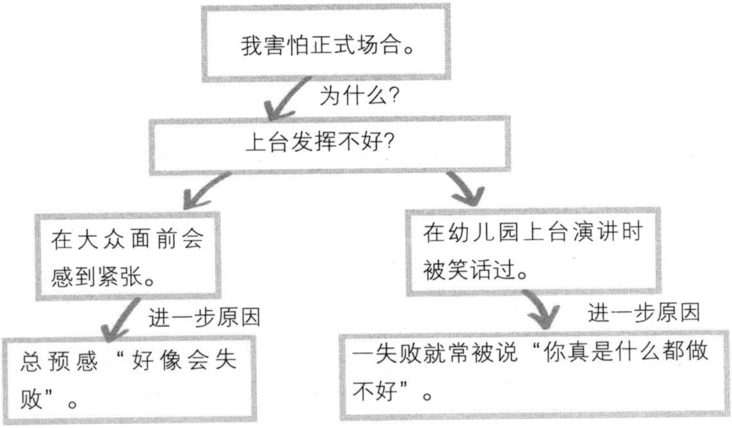

如上图所示，将根源、因素都列举出来，再找出关联性。希望大家在这一过程中不受任何拘束，尽情发散思维。

需要强调的是，与某一事件相关的可能不止一个事件，比如，“没人喜欢自己”很可能与很多原因相关，如长得丑、迄今为止一直没谈过恋爱、不擅长与异性交流等。

作为参考，我将解释一位脱发恐惧症患者的执念分析图。追溯到学生时代，她开始关注头发是因为高一时有人叫自己“秃子”，她还产生了一个奇怪的想法：除作为女性外，自己没有活着的价值了吗？最终她找出了“寻找人生中更有意义的事”这一解决之策。像这样，在细致地追究原因的过程中，她一点点地意识到束缚自己的执念，这一点十分重要。我想强调的是，在制作执念分析图的过程中，不要试图寻找答案，不要去思考什么是正确的，要了解并关注自己的想法，这才是最重要的。

脱发恐惧症患者的执念分析图

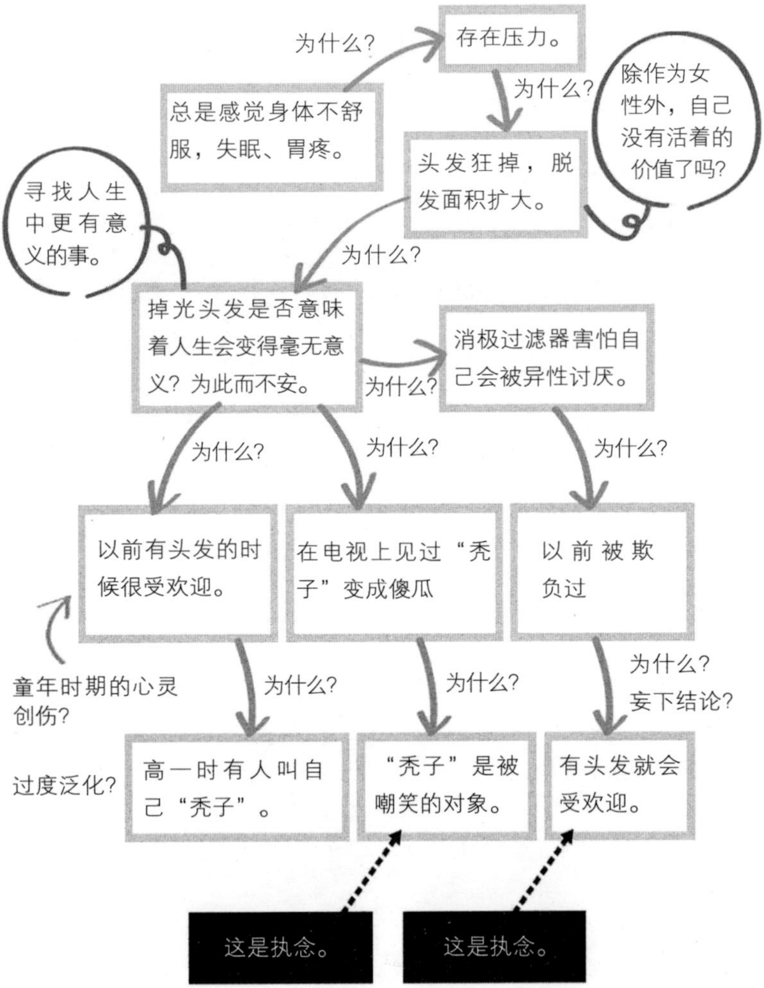

人的思维会进行联想游戏，如看到血会联想到杀人。判断、决定或执念同样具有连锁性，因而，意识到这一点十分重要。假设某人在一场非常重要的演讲中不停地冒汗，在这种情况下，如果是自主思考，那么演讲和出汗是直接相关的。但是，仔细一想，两者之间应该是“演讲——曾遭遇过失败——这次一定不能失败——害怕与紧张——出汗”这样的连锁性联系。

只要意识到这样的连锁性，我们就可以通过执念分析图一步步发现问题。意识到连锁性，也有利于掌握判断或决定的根据。注意，制作执念分析图时要自由发挥，怎么排列、怎么关联都可以。

第3步．对每一类变形思维对症下药

执念分析图完成后，可以此为基础找出自己陷入的变形思维。比如，非黑即白思维的人可能会这样想：我没有自信——我有很多缺点——大家都不喜欢缺点多的人——为了让别人喜欢我，我必须变得完美。像这样，把可能的因素从0列举到100。

第4步．找出导致执念产生的根源

纵观执念分析图，你可能会发现目前的烦恼与执念根源并非一致。目前的烦恼会很具体，你很容易就能从最近的生活中找出原因；与之相反，执念的根源位于潜意识深处，与童年时的记忆和经历有关，因而很难轻易被发觉。

举例来说，假如你从“最近工作不顺”这一烦恼出发制作执念分析图。你会先写“刚进公司什么都不懂”“什么都不懂是因为还没有任何工作经验”。到此，你很可能会认为已经找出了导致“工作不顺”这一烦恼的原因，即“多接触业务”就可以了。但是，真正想要找到执念根源，仅仅到此是不行的。

为什么呢？因为缺乏经验这一问题本身就潜藏着执念及其原因。可以说，仅仅制止烦恼根源，而完全不制止执念根源的话，不可能根除烦恼。当你认为自己已经制止了烦恼根源后，不要停下，继续追溯至更深层次的问题，直到执念分析图的终点。你需要问的问题有：

表象背后是否隐藏着重要的问题？

能否更具体化、明确化？

在什么特别的情况下自己会这样认为？

这样认为的根据是什么？

有没有其他可能性？

例如，针对“经验不足”这一工作不顺的理由，你可以试着问自己：害怕体验失败——不想面对失败——与其面对失败，不如不尝试——可以避免的失败就应该避免——父母和老师一直都告诉自己不可以失败。这样的话，工作不顺就可归结于对失败的恐惧心理。你再进一步深入探究的话，可能会找到类似“童年时在钢琴演奏大赛上失败后被狠狠骂了一顿”这种与执念有关的过去经验或记忆。

我想强调的是，确定某一想法是否是执念十分重要。说到底，失败真的很可怕吗？想要验证是否是执念，自己最好思考一下这一想法的确信度。如果你完全确信它，就是

100%；如果你只是一定程度上确信，就是50%；如果你完全不确信，就是0%。你可以以这样的方式，估计一下自己的确信度。

如果确信度达到50%以上，你就可以问自己以下问题，来确定某一想法是否真的是执念。

①这是最终的原因吗？（是否有理所当然的壁垒？）

②这是大众常识吗？还是自己的个人标准？（是否存在常识的壁垒？）

③拘泥于此的理由是什么？（是否存在被束缚的壁垒？）

④总是如此确信吗？（是否存在记忆的壁垒？）

⑤如此确信的最原始的判断基准是什么？（是否存在实际体验的壁垒？）

顺便说一下，确信度低于50%的话，其理由或根据的可靠性很低，也就是说某一想法纯属偶然。即使确信度高于50%，我们也可能会发现这一想法缺乏实际的理由或根据，可以说，这就是所谓的执念。

总而言之，执念不过是执念，只要放下就可以。虽说如此，但如果能简单地放下，那大家就不会有烦心事了。

接下来的章节，我将介绍矫正导致执念的变形思维的具体方法。

跳出执念，改写脚本

第四章

掌控变形思维，走出执念

改变9种变形思维

接下来，我将介绍怎么走出执念，怎么才能掌控自己的思维。首先，希望大家还记得前述的内容，执念与自主思考之间有着十分紧密的联系，对于人类而言，最迅速且简单的思维不是逻辑思维，而是依据生活经验得出的直观判断，这就是所谓的自主思考。换言之，这是一种不需要个人意志参与而自主形成的思维。

我们以操纵飞机飞行为例。这一操作是通过电脑控制的，也就是自动操作。想要跳出这样的自主思维，我们必须有意识地怀疑自己日常的观点。也就是说，作为飞行员，需要舍弃自动操作，换成手动操作。

控制思维

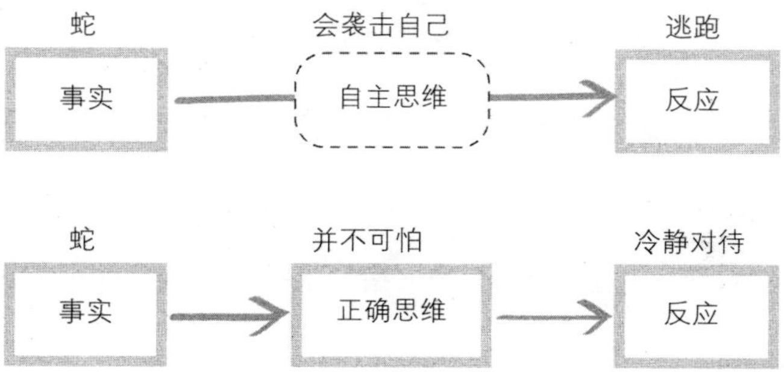

即使是自动控制的飞机，在紧急或特殊情况下，也需要手动操作。与之类似，人也必须学会在特殊情况下控制自己的思维。那么，自动切换成手动的开关位于何处呢？

答案是认知。

认知即人们认识事物的信息加工活动。当然，每个人都有自己独特的认知方式。即使外界的刺激因素相同，人们的认知也有差异。认知疗法就是通过改变认知方式进行的心理治疗。我们在第三章列举了9大变形思维，接下来，我将介绍与之对应的控制方法，希望大家能找到适合自己的具体方法。

方法1．克服非黑即白

有这类思维的人看待问题时容易出现极端心理，这类人一旦遭遇什么打击，就容易一蹶不振，认为“一切都前功尽弃了”“我真的一事无成”，并且需要很长的时间才能恢复。他们只有学会调整自己过于偏激的情绪，学会调整非黑即白的思维，才不会活得很辛苦。

>> 对策

①将思维进行数据化，发现灰色区域

试着将“全或无”“成功与失败”这种两极化的确信度在0%～100%的范围内进行数据化。也就是，你要将自己是否真的“什么都做不好”“很无能”的确信度写下来。

被上司骂，被客人抱怨，这样算是40％的失败。

虽然没有拉到客户，但自己已经竭尽全力了，这样算60％。

总觉得自己身体欠佳，头疼程度60%。

这样的数据化可以消除自己因茫然而产生的不安或不愉快。以0%~100%的连续数据来考虑的话，事物就不会显现非黑即白的两极化状态，而是会有灰色区域。

②以加法替代减法

非黑即白思维者喜欢以百分百理想化的自己为基准来进行自我评价。而我想说的方法是，以什么都不会是0分状态的自己为基准来进行自我评价。比如，假如你没办法完成规定的销售业绩。这种时候，你不要责备自己，而是应该设定一个零点，想想最初接触销售时也是一件都没完成。与零起点时的自己相比，无论现在的自己达到什么程度，都是有提升的。

这种思维的人喜欢以过去的业绩为基准来要求自己，一旦低于这样的结果，他们就会给予自己消极评价。这样一来，他们就很容易失去动力，时常产生挫败感。我们给自己设定更高的目标十分重要，但不能因此过度低估自己，至少应该以积极的心态去面对一切结果。将减法方式转换成加法方式，这样你就可以了解自己收获到什么，也能够接受自我。

③饼状图方法

当你工作遭遇挫败时，不要一味责备自己，应该试着用饼状图找出失败的原因。除了自己缺乏能力这一原因外，很可能部分原因在于上司指导无方。此外，可能是整体经济发展不景气，还可能是整个部门工作不够努力，甚至还可能是因为顾客想要的商品与公司能够提供的商品本就大相径庭。

不要认为这些都是借口，而要把它们作为失败原因之一来考虑，并制作饼状图。做完后再思考自身原因占多大比例，当你发现责任并不是100%在自己时，你就会轻松很多。

方法2. 克服过度泛化

不过就经历了一两次告白被拒，就断言自己长得丑，一定不会有异性喜欢自己；商业上一旦遇点挫折，就泄气说无论我怎么努力，都不会有公司跟自己签合同。这些都是过度泛化的思维。

>> 对策

别把“绝对”“所有人”“总是”等作为口头禅。如果你经常使用这样的表达，就要努力找出特例——“有些人，即使相貌平平，也可能大受欢迎”“与那家公司也有建立交易关系的可能”。像这样找出一些完全不同的反例，你可以改变自己过度泛化的思维倾向。

方法3. 克服消极过滤器

任何事都只看消极面的人，就是自带消极过滤器。拥有这种倾向的人最好将消极过滤器转变成积极过滤器。但正因为不可能简单地突然改变，大家才为此感到苦不堪言。虽然我们无法彻底改变，但至少可以找出一种方法来让自己变得更加积极。

>> 对策

①思考优劣点

职场人士常说权衡利弊，同样，我们可以思考自己思维的优劣之处。如果自己不善言辞，就可以考虑关于这一点的优劣之处。

消极之处：经常引起误会；很难与人进行交流；总被上司骂；身处人群中容易大脑一片空白；很难与人相处。

积极之处：看起来更诚实可信；将说话的时间用来倾听；避免说错话；不会说废话。

像这样写出来，你就会发现不擅长表达也不全是坏事。甚至当意识到自己擅长倾听时，你就可能更关注自己的这一点，实现了扬长避短。也就是说，人们可能从自认为的缺点中意外地发现优点。

②恰到好处的中立思维

当陷入消极思维时，我们可以通过恰到好处的中立思维来平衡。所谓的恰到好处，即不悲不喜、不温不火的情绪，也就是非常客观现实的中立思维。

比起自主思维，中立思维可以通过根源和反证来消除执念。自己胜任不了工作这一自主思维的根源也许是任何工作都没办法顺利进行。接下来，我们可以利用反证法来证实这种根源的错误——顺利进展的时候就是最好的反例。如果将这样的根源和反例连起来用，你的思维就能从消极方向转回正确的方向。

方法4. 克服妄下结论

假设你和喜欢的人约会时，对方叹了一口气，你会怎么想？

难道我说的话题很无聊吗？

可能她/他不喜欢和我待在一起？

啊，这样下去不行啊，她/他可能会不理我啊。

你是否会这样忍不住多想，并得出一些结论。下围棋时，个体不考虑对方的棋步，仅看自己的优势棋局，这种思维被称为随意解读。生活中，大家或多或少都有这样的思维倾向。即使毫无根据，我们也会从对方的小小举动或反应中推测其真实想法。如果是“她一定是喜欢我”这样积极的执念还好，但一旦是消极思维，人生就会变得痛苦不堪。

>> 对策

最简单的方法是直接问对方。对方在自己面前叹气时，你可以试探性地问一下。这样，对方很可能会说出自己的烦恼，你也会发现可能并非是你的话题无聊。

我想强调一下，想到最坏的可能性并非有错，相反，为了未雨绸缪，这样想是必要的。但是，将最坏的可能性作为必然事件就大错特错了。

记住，不要将最坏的可能性当作结论，而是仅仅将其作为一种可能，并竭尽全力找出最好的可能性，这一点十分重要。所谓的先见之明，很多时候都只是我们放弃努力的借口。或许我们内心深处有一种无力感，认为无论怎么努力都无济于事。所以，哪怕是极其微小的事，都应该努力尝试争取成功，这样的话，就会产生自我肯定感，从而产生客观中立的思维。

方法5. 克服放大或缩小评价

工作中遭遇一点点失败就小题大做，认为自己无能，这就是放大评价；丝毫不会在意自己的成功，认为成功不过是运气，就是缩小评价。同时，这类人会夸大他人的优点，缩小其缺点。积极认可他人又无比自谦，虽然算得上是优点，但是一旦过度，个体就会产生自己比任何人都差劲的自卑感。

≫ 对策

放大小小的失败，无视成功之处，可以说是一种“全或无”的思维。因此，我们可以借鉴克服“非黑即白”思维的方法。此外，冷静客观地评估自己犯的错有多严重，自己的成功是怎样不易，也可以克服这一执念。

总之，我们需要客观公正地看待一切。想要做到这一点，需要广阔的视野和柔软的内心，更重要的是一种富足感。这样的富足感源于何处呢？源于自我肯定感，既肯定自我，也认可他人。更重要的是，以非完全个人的自我观点去看待问题，这样才能做到客观公正。

方法6. 克服感情用事

将自己的情绪放在第一位，把感觉到的当作事实，并以此来判断事情的好坏，这就是情绪优先思维。比如，自己不喜欢某个人，就觉得那个人一定不好；今天心情不好，肯定会是很糟糕的一天。

>> 对策

如果你有情绪决定一切的倾向，值得一试的方法是养成一种思考其他选项和可能性的习惯。

虽然我不喜欢这位上司，但他可能也有可圈可点的地方。

自己不善言辞，但这个世界上也存在不善言辞却成为销售业绩第一的人。

一旦感情用事，就可能忽视其他的选项和可能性。所以，如果意识到这一点，就要提醒自己万事无绝对，这就实现了消除执念的第一步。

方法7. 克服“应该”思维

“30岁前应该结婚”“应该听从父母的意见”“应该做出上司认可和赞赏的工作成绩”……这样的“应该”思维支配着你。

>> 对策

为了消除“应该”这一执念思维，我们必须学会去思考：果真如此吗？谁规定的呢？

这是必须遵循的吗？

非要达到完美不可吗？

不遵从的最坏结果是什么？

自己有没有被强加“应该”思维？

“应该”思维不仅会给自己带来压力，还会让身边人不舒服。一旦形成“应该”思维，你可能就不会听任何理由，而是一味责备对方：“为什么没有完成？”“做事为什么半途而废？”如果父母或上司是这样的类型，他们身边的人很可能随时神经紧绷。

这个世界上并不存在绝对的事，能如愿以偿的事也屈指可数，这样想的话我们就会轻松很多。大部分烦恼的深层原因都在于潜藏于心的“应该……”：为工作毫无成就感而心烦是因为“应该”有所成就；苦于身体抱恙的思维中潜藏着“应该”身体健康的执念；为囊中羞涩而苦恼的想法中潜藏着“应该”成为富翁的执念。

我们应该试着这样想：工作没有成就也没关系，来日方长，总会做出成绩的；偶尔身体有恙也没关系，人生漫漫，总有一两天健康不在线；没钱也没关系，很多人没钱也活得很幸福，烦恼也不能让自己变得富裕。

只要让自己从“应该”中解放一次自我，我们就可以用全新的视角去看待问题。

方法8. 克服贴标签

人们总喜欢给自己或他人贴标签。一旦贴上标签，你就不可能真正了解自己和对方。人并不是一句“你就是这样的”就可以简单定义的。

» 对策

这一类人很少意识到自己在贴标签，因而可能很难知道这样做带来的坏影响。每个人都是多面体，我们应该学会换位思考。

丢弃标签的第一步应该是意识到“畏首畏尾”“性格腼腆”“交流障碍”等自我评价不过是标签。如果你倾向于给人贴标签，就必须有意识地将视角转向除此之外的其他方面，比如，某人在一些小事上喜欢吹毛求疵，但他工作很用心、细致严谨。

方法9. 克服牵连自我

所谓的牵连自我是一种心理偏差，指一旦发生消极事件，就归结为是自己的责任；明明没有任何合理的原因或理由，却认为都是自己的错。想要摆脱这样的执念，我们可以采取去中心化的方法。

>> 对策

①自我辩护

这一方法指的是，虚拟出一个律师的角色，把自己当作被告，试着让律师为自己辩护。

这一行为可以用其他原因来解释吗？

如果换作别人，他会采取什么行动？

这一想法与行为的利弊分别是什么？

你认为客观陪审团会怎么评价？

试着问作为被告的自己这样的问题。比如在会议上，上司面对大家大发雷霆：“最近，大家工作态度很散漫。”在这种情况下，一旦产生自我牵连的想法，你的内心就会出现承认“罪行”的被告，认为都是因为自己，上司才会发火。这时，需要上场的就是律师。

上司在会议上大发雷霆，责任在于被告吗？

上司生气的原因在于大家工作散漫，可以认为是被告一人的罪吗？

事实上，被告有懈怠工作吗？

像这样，通过在心理层面扮演被告和律师，你最后可能就会意识到自己在工作中没有磨洋工，没必要惴惴不安。这样想，你就可以从牵连自我中解脱了。

②增加选项

一旦形成执念，你就会忽视其他的思维角度，而只看到一个方向。增加选项这一方法就在于主动找出其他选择。例如，女朋友在约会中看起来很不开心，这时，你就应该试着去找除自己以外的其他原因。

可能是因为下雨了吧？

可能是刚才的饭菜太难吃了吧？

她可能身体不舒服吧？

也就是想想，如果不是因为自己，其他可能的理由是什么。养成增加选项的习惯，你就可以改变“都是我的错”这一不自觉的思维坏习惯。

到此为止，我们介绍了不少关于消除变形思维的方法。只要学会应对的方法，即使发生意外情况你也可以随机应变，自由地控制自己的思维。改变思维后，你的生活也会因此改变，你可以因此活出真实的自我，过自己想要的生活。

阳台思维方式，跳出思维限制

像有锚索固定在一定范围内的船只一样，思维固定在一定范围内，被框架所束缚的现象被称为“思维锚定”。也就是说，我们不可能在毫无限制的空间里思考，而是在一定的框架内，或者是通过一定的对比认知事物，所以很难跳出思维限制。

此外，人在被情感左右时，容易产生消极执念，这也是一种思维锚定。比如我们在讨厌对方时，会因为对方一句无关紧要的话感到不愉快；失落的时候，会抓住别人一个小小的错不放。

那个人总让我感到不愉快。

无论怎样，接下来的事情也不可能顺利进行。

应对这种情况，我推荐“阳台思维方式”，这种思维有利于拉开与执念的距离。“阳台思维方式”是指像站在阳台上眺望一样，站在更高的角度观察自己和事物，这样我们就可以重新客观地看待一切。

例如，当上司带着侮辱性的语气问你：“这么简单的事，你也不会吗？”你可能一时冲动，因为“没办法忍受这样的上司”而递交辞呈。其实在此之前，你应该冷静思考一下。

自己是为了上司而工作的吗？

反驳上司对自己有利吗？

为这样的事辞职，是不是得不偿失？

以更长远的眼光来看待这些问题，我们就可能意识到自己的真实想法。

当你烦躁时、生气时、伤心时、后悔时、心有不甘时、快乐时……任何情况下，你都适合采用“阳台思维方式”。

只有学会客观地看待自己，我们才能够逃脱情绪的束缚，不再产生执念。

改变时间轴和空间轴看问题

执念源于我们只看事物的一个方面，思维产生了偏差。想要摆脱执念，我们必须从不同的角度去思考问题。

虽说如此，但正因为很难做到这一点，我们才有了执念。接下来，我想介绍一种思维实验，借此我可以测试出自己是否受执念的影响。

1. 改变时间轴

改变时间轴指的是试着去想未来的或曾经的自己。例如，一般工作都有一定的时限，人们会产生一种强烈的紧迫感，一直身处其中的话，就会有这样的压力将永远持续的错觉，难以忍受的人很可能会因此半途而废。

当感觉压力大得难以承受时，你可以这样去思考："自己现在的问题，在一个月或一年后还会是问题吗？"我们身边会有这样的父母吧？自己的孩子上学后依然尿床，就会无比烦恼："别的孩子也会这样吗？""孩子不会是有什么病吧？"这样想的话，烦恼会变得更加严重。这时候，我们只要想想身边是否有因尿床而烦恼的大人，就不会烦恼了。

没有这样的大人，也就是没有人会一直尿床，看来根本不需要大惊小怪。

这么说起来，我自己也尿过床吧？不也是自然而然就好了吗？

这样想的话，你就会感到轻松很多。此外，回顾过去也有利于逃离思维牢笼。即使没办法想象还没有到来的未来，已经经历过的过去也是可以回想的。

刚进入公司时，自己做了什么工作？

3年前的自己是怎样的？

1年前的自己是怎样的？

像这样，不断回顾过去，就会看见从零基础开始不断成长的自己。与过去相比，现在的自己工作能力提升了很多，这样想你就会变得积极向上。

改变时间尺度也十分有趣，比如以人类历史为尺度来思考自己的问题，或者以宇宙诞生为起点来思考问题，你很容易就会认为现在困扰自己的事是极其微不足道的事了。或者以100年为单位去思考会怎么样？即使就当下而言是很严重的问题，放在100年后去看就会成为很小的问题。100年后，无论你、我，还是我们身边的人，都已经不复存在了。偶尔这样积极地去想、去问，我们就会活得比较轻松了。

2. 改变空间轴

改变空间轴是指通过想象自己处于其他地方来看当下存在的问题。也就是说，如果自己脱离当前的场景，还会有同样的感受吗？还会和现在的想法一致吗？

因现在的工作痛苦不堪想要辞职的人或许可以想象一下，辞职后的自己会有什么想法呢？如果因经常迟到而被上司骂，就不停生气抱怨“才10分钟而已，又没什么影响”“不想待在这样的公司”。这时，我们可以想象一下，如果自己从事个体经营买卖，如何看待迟到的问题。自己经营蔬果店，确实不会有烦人的上司；即使开门比较晚，跟客人说声“不好意思，有其他事耽误了”就可以了。店铺不忙时，自己还可以睡午觉，这样一想，个体经营完全就是完美而舒适的一份工作。但是，为了进货你必须每天一大早就去市场；而且店面一休息就没有任何收益；如果经常很晚才开店，客人可能就不会再来。另外，员工就算迟到也有工资，但自己创业一旦失败，就可能落到四处借债的境地，甚至可能遭遇走投无路、公司倒闭的结局。如此战战兢兢的生活，你有心理准备去应对吗？这样想的话，你可能会认为，还是按时上班的生活更轻松。

你还可以试着去想想，如果你生活在沙漠中心、无家可归的难民帐篷里、地震灾区，可能就觉得自己的问题都算不上问题。只要你平时多注意这一点，慢慢地，当下的烦恼就会少很多。

让他人意识执念的4种方法

所谓的执念，往往自己是很难意识到的。可以说，正因为难以意识到，所以才称为执念。但是，我们可以让他人意识到他自己的执念。接下来，我将介绍这些技巧。

1. 让对方解释自己的表达

朋友叹气“我总是一个人”时，就立刻问他：“总是指的是每一天吗？”像这样，让对方解释“总是”这一词时，对方可能就会意识到好像也不是总是。人一旦有执念，就容易使用“所有人”“通常”“理所当然”等词。当他不断使用这样的词汇时，你就要问他“所有人指的是谁”“通常指的是什么时候”，引发对方去思考，让他意识到这是自己的执念。

2. 询问根据

有人会哀叹自己缺乏才能。一旦听到这样的话，你就可以问对方这样认为的原因：“谁决定的？”“你为什么会这样认为？”这样对方就有机会意识到自己的执念，会发现所有的想法基本上都是自己的猜测，并无任何根据。

3. 让对方去做比较

“为什么我的生活如此艰难呢？为什么我活得如此辛苦呢？”一听到如此消极的话，你就应该问对方：“和谁相比呢？”“怎样的生活才算轻松呢？”一比较，对方可能就会意识到自己的生活好像也并没那么糟糕。

4. 列举例外

在想要挑战什么时，很多人会因“老了，什么都做不了”而放弃。如果事情本身有年龄的规定或限制，这是没办法的事。但如果是转行、考取资格、结婚这种没有年龄上限的事，任何岁数的人都可以挑战。在这种情况下，你需要问：“每个人都是如此吗？”“会不会有人例外？”任何事情都存在例外。

尤金·简德林的聚焦疗法

人的有些情绪很难解释。“莫名觉得提不起精神”“莫名感到不安”“莫名觉得烦躁”。所谓的聚焦，就是找到“莫名”的原因，这是由美国心理学家尤金·简德林（Eugene Gending）提出的心理疗法。

即使很难表达出来，身体却能隐约感受到某种感觉，用聚焦的观点来看，这样不明确的感觉被称为“体验到的感觉”。所谓的聚焦就是，在用语言表达之前，聚焦于这样的感觉。通过聚焦，我们可以接收自己身体或心灵发出的信号。

接下来，让我们来看看聚焦的步骤。

首先，准备一张纸。

第1步．在心里想象一定的空间

生活总有一大堆涉及工作、家庭、金钱的问题，每个人的问题肯定不止一个。问题都很小，但所有问题全都混在一起时，就可能不知道该怎么着手解决。所以，我们最重要的工作是整理问题。这样的整理过程被称为腾出空间，也就是在心里制造一定的心理空间，以便更快速地找出自己的感受和想法。

首先是深呼吸，放松，将当下所感受或在意的事制成一个列表。接下来，通过想象，将问题置于远离自己的地方，比如把所有问题都收进收纳箱，放进抽屉里。这样整理问题后，你的内心就会产生一定的空间。因为问题远离了自己，你就会安下心来，也不会再过度不安或焦躁。

在东西过多而凌乱不堪的房间里，你很难专心做事。因此，这一方法的工作原理在于，将目前不着急做的事收拾进收纳箱或抽屉里，把最需要做的事情摆放在眼前。这样整理出一定的先后顺序后，相互缠绕、混乱一片的问题就可以一一得到解决了。

第2步．将注意力转向自己的身体感受

选出最在意的问题作为第一个问题，思考这一问题时，有意识地去关注自己的身心发生了什么变化，体验自己的感受，这就是第二步。

体验是很模糊的感觉，所以很难轻易被发觉。也就是说，探寻体验时，我们需要转向自己的内部感觉。当你刻意注意自己的头、喉咙、胸部或肚子周围时，一定会发现异常吧？一旦有什么感觉，就问自己“这是一种什么样的感觉”，直到思索出结果、找到答案为止。

第3步．找到共鸣

表现与体验一致就是共鸣，不过，找到共鸣感需要很长时间。一旦找到表现，我们就要向自己的内心确认是否真的符合体验。如果胸口有种说不清、道不明的感觉，我们可以试着确认这样的表现是否与体验一致。有时候，完全一致的表现

会突然出现，就像走路时突然被陌生人怒吼一声的感觉。需要注意的是，不要被习以为常的表现所束缚，而是要找到你自己独特的感觉方法。你可以用这样的方式不断地问自己："这是什么""这个问题给人的感觉是什么"，直到体验与表现一致为止。

第4步．交互感应

找到共鸣后，意义就会十分明确，身体也会感到放松、解脱。这是因为，身体感受与自己表现出来的完全一致，违和感消除了，这就是交互感应。在感觉到的那一瞬间，这样的体验会更强烈，会有"啊，原来如此"的感受。在出现交互感应之前，你必须认真感受体会。

如果体验是这样的，你会怎么想？

处于这样的体验里也没关系吗？

对一切都没有要求是什么感觉？

这时，最好像和朋友聊天一样，认真倾听自己内心的声音。接纳是最重要的态度。无论内心发出怎样的声音，你都应该接纳这样的内心感受。想法有好的部分，也有坏的部分，无论是哪一种，你都需要给予认可、尊重。

最重要的是，不要自行判断、分析，而是接受这种情绪最原始的样子。

一旦进行交互感应，并想要结束聚焦时，你可以问自己的内心是否愿意结束。可能一开始聚焦很难顺利推进，但希望你能以放松的心态去尝试。此外，以下几点会妨碍聚焦，应该引起你的注意。

评价自我。重要的是承认自己内心的声音，不要进行评价。

怀疑。不要分析、断定自己的体会是否正确。

急切。感受不到体会就焦躁不安、反应过激，这样反而更感受不到。

恐惧。因为要面对迄今为止一直逃避的情绪问题，你很可能会产生恐惧感，这时，去感受自己恐惧的到底是什么。

强行选择。在聚焦过程中很可能出现两种极端想法：想知道自己真正的想法和不想知道自己真正的想法，不要强行选择其一，两种状态可以共存。

聚焦并不是控制自己情绪的方法，而是发掘深埋于内心情绪的方法。被调动到新部门时，一向一丝不苟的你明明干劲满满，却有些倦怠的感觉，这是因为你的内心可能存在必须要做好的压力，或者可能是你不愿承认这份工作没有想象中那么有趣，却非要认为这是一份有价值的工作。只要意识到这一点，你就会轻松很多。

头脑中出现异常情绪或执念时该怎么办？本章介绍了处理这种情况的方法。正因为难以发觉，执念才被称为执念。因此，大家需要注意，意识到执念只是一种执念就大有益处。我想，你也有被噩梦困扰的时候吧？如果能意识到那不过是一场梦，你应该就不会再被困扰了。我们受困于消极思维时，一定是因为我们思维里潜藏着某种执念，只要意识到这一点，我们自然就会找到应对方法。

聚焦的步骤

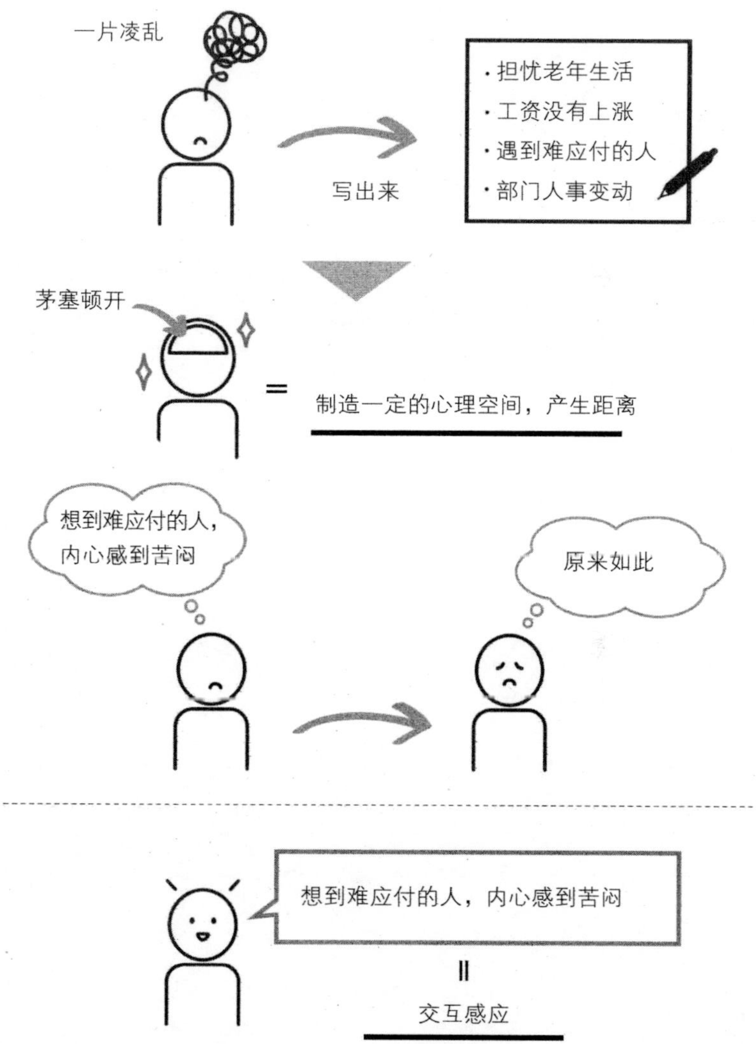

一片凌乱
写出来
·担忧老年生活
·工资没有上涨
·遇到难应付的人
·部门人事变动
茅塞顿开
=
制造一定的心理空间，产生距离
想到难应付的人，
内心感到苦闷
原来如此
想到难应付的人，内心感到苦闷
||
交互感应

跳出执念，改写脚本

第五章

改变执念体质的根本方法

校正心理地位

本章将介绍更彻底的执念治疗方法。可以说，有执念的人拥有倾向于某种思维的体质。想要从根本上治疗这样的执念体质，最重要的着手点是心理地位。不校正人生结构，很难真正脱离执念。

第1章已经介绍了心理地位形成于童年禁令。有“我不可以，你可以”心理地位的人缺乏自信；有“我可以，你不可以”心理地位的人性格傲慢；有“我不可以，你也不可以”心理地位的人很难对人生充满希望。因此，最完美的心理地位是“我可以，你也可以”，无论未来发生什么，有这种心理地位的人都会以积极的心态去应对。因此，想要积极面对人生，校正心理地位十分重要。

正面肯定是校正心理地位的有效方法。人与生俱来就需要关爱、认可和接纳，采取自我毁灭或攻击行为的人也只是为了得到承认。他们内心深处也希望听见“你真棒”“你做得很好”“这样就可以了”等声音。在交流分析中，暖心话语、温柔声音及友好态度都被称为正面肯定。

如果得到的正面肯定逐渐减少，负面肯定（责备或无视）不断增加的话，人们就会渴求更多的正面肯定，以达到内心的平衡；有些人甚至可能会争取负面肯定，因为他们觉得消极暗示总比被人忽视好。最理想的交流是带着积极暗示认可对方，对方也认可自己；赞赏对方，对方也赞赏自己。像这样充满正能量的交流，人们就可以建立“我可以，你也可以”的心理地位。

3类主要的正面肯定

肯定是指夸赞、接纳、认可对方的存在及价值。肯定主要分为以下3类：

1. 肢体动作的肯定

这一形式主要包括握手、拍肩膀、拥抱、接吻等，性行为也属于这一类。

2. 语言的肯定

打招呼、交谈、赞赏或鼓励属于这类肯定。仅仅是“你好”这么简单的两个字，也意味着“我注意到你”“你很重要”。因此，语言的作用不容小觑。

3. 态度的肯定

用眼神表达同意，一言不发地认真倾听对方的话，就属于这类正面肯定。那么，怎样才能运用好这种肯定方式呢？

①给他人正面肯定

比如，你在家时温柔地对妻子说：“今天天气真好”“你穿这身衣服真漂亮”“今天的饭味道很不错”；在公司时要和同事积极地打招呼，接到上司任何指示都应该迅速回答。

②向他人索要正面肯定

想要得到赞赏、认可就直接说出来。你可能会觉得，这样做很难为情。你可以不用如此直白地表达，可以用间接的方式诱导对方认可或赞赏自己。

如果对方没有给自己正面肯定，自己给自己正面肯定也是非常有用的。要把自己做得好的地方、成功的体验、积极向上的一面展示出来。

③接受正面肯定

当被人夸赞“真厉害”时，你是否会说：“哪里哪里？”当别人称赞“你今天穿的衣服真时髦”时，你是否会回答：“不过是便宜货？”大家都认为这样的谦逊是一种美德，但一直持续如此的话，你就很难得到正面肯定。

当你被他人称赞时，要欣然接受：“谢谢你”“你这么说，我很开心”“这么说，我觉得自己更年轻了。”

正面肯定

① 给他人正面肯定

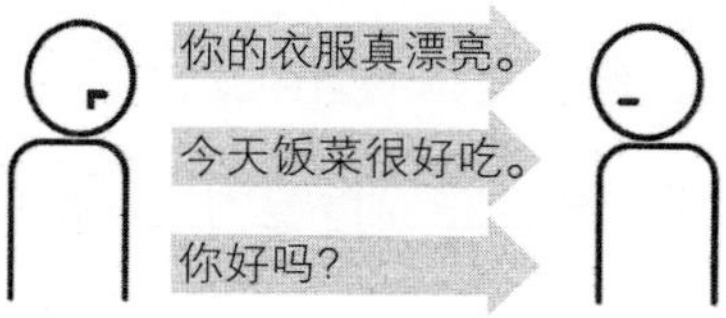

② 向他人索要正面肯定

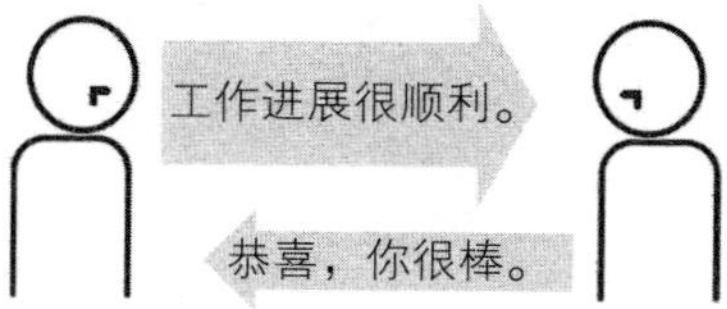

③ 接受正面肯定

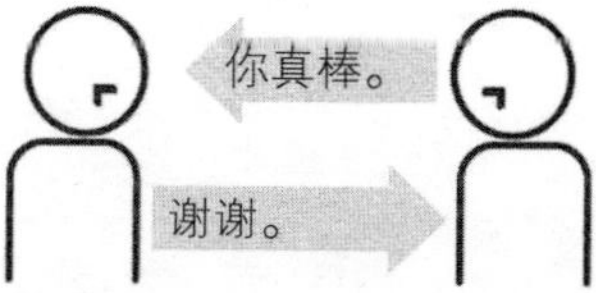

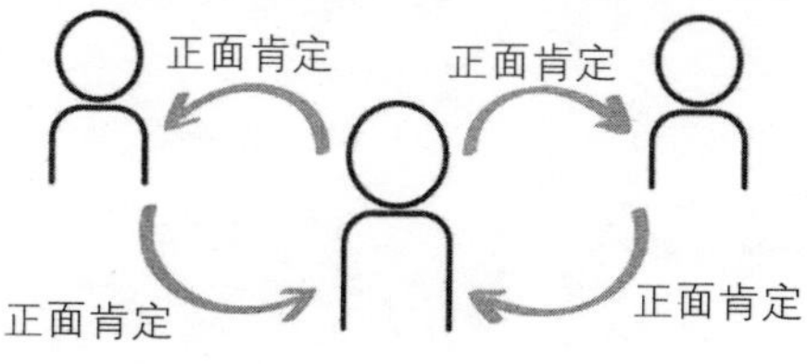

建立正面肯定的良性循环

通过以上的方法，大脑就可以像银行一样存储积极暗示，进而形成“我可以，你也可以”的心理地位。一旦拥有这样的心理地位，你就可以校正任何心理偏差。正面肯定会诱发正面肯定，进而建立正面肯定的良性循环。

无条件的肯定很重要

无论是给予他人肯定，还是接受他人肯定，希望大家注意以下几点：

喜欢你的漂亮脸蛋，所以喜欢你。

因为你很努力，所以应该欣赏你。

像你这样言出必行的人很少见，所以你很了不起。

像这样符合一定的条件才给予或得到的肯定，一定要谨慎。有条件的肯定常见于家庭或学校教育中，如果持续给予或接受这样的肯定，人就可能会认为自己不值得得到真正的肯定，最终会被他人的价值评价所左右，失去最真实的自己。

最理想的肯定应该是无条件的正面肯定。

你拥有自己独特的人生价值，活着就有价值。

有你在，我很幸福。

无论你怎样，我都喜欢你。

身体不会说谎

拼命备考，模拟测试成绩不错，却在正式考试中发挥失常；模拟面试练习时对答如流，到了面试现场头脑却一片空白。我们之所以如此，就在于执念——身体记得的执念。

如果我们在童年时有过记忆深刻的失败体验，身体就会执念于“我失败过一次”，即使没有了当时的记忆，身体也会记得当时的感觉。因此，我们的内心会担心重蹈覆辙，面对同样的场合时会不自觉地感到紧张，身体也会有一定反应。

我们身体的记忆可以通过身体消除，但并不是通过思维驾驭身体，而是试图通过驾驭身体来改变思维。接下来，我将介绍改变重视身体感觉这一执念体质的方法。

1. 改变姿势

仅仅通过改变姿势，就可以改变心理状态，对此你可能会惊讶。但事实上，姿势就是心理的反映。人在失落时总是一副无精打采、垂头丧气的样子。相反，精力充沛的人总是能昂首挺胸。也就是说，姿势正确的人，心理状态更好，想法也会更积极。

首先，重心落至双脚，力量集中于腰部，挺直站立。接着，双肩垂直向下，重心力量要到达足底，这样就会感觉到身体内有一根主轴。希望大家想象“稳如泰山”的姿势。重心向下时，不需要使用其他力量，身体也会变成放松状态。这一方法可以达到通过个人意志控制身体的效果。

例如，在紧张状态时，仿佛身体都不是自己的时，用上述方法就可以重新找回自己的身体感觉。急躁不安的人会觉得脚不着地，因为急躁时身体重心在上半身，只要重心下移，脚踏实地，就可以放松身体。有意识地保持这样的姿势，就可以很快地转变阴郁心情。希望大家失落或紧张不安时，一定要尝试这种稳如泰山的姿势。

2. 改变呼吸

希望大家把呼吸当作姿势的一部分，想要保持正确姿势，呼吸十分重要。但是，你并不需要掌握高难度的呼吸方法。最重要的是深呼吸，深深吸一口气，再缓缓吐气，这样可以减慢心率，也可以缓解紧张感。身体缩成一团的人呼吸很浅，反而会紧张。弓背也会导致浅呼吸，脖子和肩膀可能因此缩成一团，这样不利于血液循环，容易注意力涣散。也就是说，错误的姿势打造了容易产生压力的身体。工作不顺或心情烦闷时，希望大家要想到共同调节姿势与呼吸。

3. 改变表情

常言说人需要察言观色，人的表情中透露着情绪和想法。如果心情可以体现在表情中，反过来就可以通过改变表情来改变心情。准备在大众面前演讲的人，一般都是一脸自信。但是，这很可能是因为他们练习了很多遍这样的表情，才显现出这样的自信状态。也就是说，先做出自信的表情，才能拥有真正的自信。

那么，什么是自信的表情呢？是说笑容满面的表情吗？比如，有人在情况糟糕时也会幽默以对，这是非常正确且合理的办法。越紧张就越难做好一件事，这时想想充满乐趣的事，保持微笑，身体就会不知不觉地记住这样的感觉。即使面对重重困难或遭遇艰难壁垒，自然而然地微笑以对，就可以轻松应对。

医学上也承认，微笑有利于身心健康。有实验证明，即使是假笑，也会产生积极的心理效果。所以，从假笑开始学着微笑——嘴角上扬，刻意做出阳光的表情，身体就会记住这样的动作，进而使你收获好心情。

尝试快乐笔记

今天被上司骂了，明天会被谁骂呢？

刚被分配到新部门，完全记不住工作流程，怎么办？

那个客户的要求太过分了，真闹心。

大部分人每天都充满不安和压力，在这样的精神状态下，就会渐渐陷入消极思维里。这类人可以尝试快乐笔记。如字面意思所示，快乐笔记就是只记录每一天快乐的事，这也是一种将消极记忆转换成积极记忆的方式。试着在快乐笔记中写出以下3点：

1. 今天做了什么

尽可能多地写下让你快乐的事，什么都可以写，哪怕是一些微不足道的小事，如“今天在截止时间之前顺利提交了资料”“得到了客户的认可”“午餐味道很不错”“和同事聊得很欢”“路旁的花开得很漂亮”。

2. 思考快乐的程度

试着用分数或百分数将快乐程度进行数据化。数据化不仅可以改变模棱两可地对待事物的坏习惯，还可以让自己学会从更有趣的视角看待一切。比如：

今天如期提交资料（70分）

得到客户的认可（50分）

路旁的花开得很漂亮（100分）

3. 写下需要反省的地方

反省并不是让你回顾不愉快的事，而是要你思考怎样才能提高自己快乐的体验程度。

如期提交资料值得开心，但也稍微不尽如人意，下次应该做得更细致。

得到客户认可可喜可贺，但好像有强人所难的感觉，下次见面应该说声抱歉。

以这样的思维方式来记录快乐笔记的话，你最终就会变得积极向上，也会不自觉地注意到积极层面；同样，如果你陷入消极循环，也是因为你一直关注消极面。俗话说，病由心生，能否做好工作也在于"心"（想法）。也就是说，很多时候，执念决定一切。

工作能力强的人一般都想法积极，这可能是因为无论发生什么，他们都会专注于积极层面。即使被上司批评了，他们也保持积极的想法。只要保持写快乐笔记的习惯，你就会自然而然养成这样的思维习惯。无论人生充满烦恼，还是美好，想法不同，人生就会不同。因此，关注重点决定人生。

改变口头禅

口头禅是“反正”“但是”“虽然”的这种人很容易被消极思维支配。纽约某精神治疗师通过对大量患者的治疗发现，能实现目标与不能实现目标的人的最大区别就是思维方式。

想要走出当下处境是白费努力。

想要改变自己，根本不可能。

陷入困境、举步维艰才是真正的现实。

走出困境的方法完全无用。

自己什么也做不了，需要他人的帮助。

面对的问题太难，自己完全不能解决。

无论怎样，自己就是一无是处的人。

大家都注意到了吧？上述表达会导致消极思维，巴兰德将这样的思维称作自我意识。这种自我意识会束缚人的思维，也不利于个体走出执念。

举例来说，如果因为犯错被上司责备，你反驳说：“那是因为……”这时你的思维就产生了局限性，认为既然有可以反驳的理由，自己就毫无责任。

但是，并不是所有的上司都会理解你的反驳。大多数情况下，这反而会让上司更加愤怒，而你也会陷入“反正上司也不会听自己解释”的执念中。因此，想要跳出执念，你就必须有意识地拒绝使用“但是”“可是”等词。

只要平时刻意不使用口头禅，大脑就会养成这样的习惯，不会再使用消极表达，最终想法自然而然就变得积极了。这样一来，即使面临巨大的困难，你也不会被执念束缚，而是会顺利渡过困境。

以“对不起”为口头禅的人也需要特别注意。经常道歉的人容易形成“我不可以，你可以”的心理地位。这样的语言会让自己渐渐失去自信，不再积极主动地待人处事。

对于这类人，我建议把“对不起”换成“谢谢”：把“不好意思，麻烦您亲自到公司”换成“您能亲自到公司，非常感谢”；把“不好意思，麻烦您照顾我家孩子”换成“如果您能照顾我家孩子，我会十分感谢”。

这样的话，心理地位就会变成“我可以，你也可以”，由此产生积极情绪。

情绪的根源就是执念

“绝对不原谅他”“太恶心了”“到极限了，我做不了”“我什么也不想做”。这样的情绪可以控制吗？虽然我们经常看到以“控制情绪”为标题的书籍，但是，控制情绪并不是那么容易的事。即使是表面的情绪，我们常常都很难控制。

情绪就像排泄物，因此控制情绪是毫无意义的。我们应该做的是弄清楚最根本的执念，并丢弃或修正这样的执念，这样情绪自然会改变。

被某种情绪左右时，我们不要立即产生对抗心理，陷入恐慌，也不要立即反应，最好是稍微平静一会儿，做一下深呼吸。接下来，客观分析这一情绪是什么。最后，思考为什么会产生这样的情绪，重要的是意识到自己对这一问题的思考和判断模式。

另外，即使是消极情绪，我们也要学习接受，而不能抑制。也就是说，我们要知道自己身体发出的情绪信号。这样，我们就可以觉察到自我又陷入了狭隘的执念中。

假设工作伙伴姗姗来迟，却连一句道歉也没有，你怒火中烧，恨不得大发雷霆。但在这种情况下，你要是发火的话，自己也得不偿失。试着深呼吸一下，思考自己感受到的愤怒——愤怒之下一定存在某种根本性的原因。

你的消极情绪之下一定有“对方应该这样做”的执念，比如“应该遵守约定，不应该迟到”“迟到了就应该道歉”。一旦对方违背了自己的期待，你就会认为对方很可恶。如果能这样分析的话，你就会冷静对待。当然，你也可以冷静且理智地告诉对方“你的迟到给我造成了困扰”。

愤怒的根源可能是存在执念，这样的执念会导致胜负心理——对方让自己等待就是自己输了——这是一种过度自尊。

这样的情绪不仅毫无益处，还会让人感到疲惫，进而忽视更有价值的东西。

对我们而言，最重要的是建立“我可以，你也可以”的心理地位，这样我们就会渐渐地与他人产生共鸣。有了自我肯定感，我们就不会依赖他人，也不会深陷繁杂的情绪中。

烦恼的根源也是执念

烦恼，意味着个体想要达到某种状态却不能如愿。本章最后想要探讨的是烦恼为什么会产生、烦恼的机制及应对方法是什么。

我们在现实中想要改变的事情很多，但常常发现自己无法改变。也就是说，当想做却不能做的时候，我们一定抱有某种执念。意识到这一点，我们就离找出烦恼更近了一步。

执念会不知不觉地支配现实，执念就是你虔诚相信的一切。那么，以下的烦恼潜藏着什么执念呢？

①我对食物喜好分明，我希望自己不要太挑剔。

»喜好分明这一标签之下可能是不能挑剔的执念。

②我做事没有恒心，我希望自己成为更努力的人。

»没有恒心这一标签之下是应该努力的执念。

③我想要变得更帅气/漂亮。

»这是对样貌的执念。

④我睡过头了。

»不能睡懒觉也是一种执念。

烦恼的根源就是在两种以上的需求之间产生了冲突，冲突一般包括3种类型：

①双驱型：两者都喜欢，只能选择其一。例如，困扰于同时喜欢两个人。

②双避型：两者都想要避开却只能避开其中一个。例如，不想学习，又不想因成绩差而无法毕业。

③趋避型：对同一对象或事件，既有想趋向的部分，又有想要避开的部分。例如，工资很高但可能消耗生命的工作。

对于我们任何人而言，最重要的是意识到我们自己内心的冲突是什么。当因某些问题而感到困扰或压力时，我们内心一定存在着某种自己没能意识到的、潜藏于意识下的冲突。

弄清楚了3种类型的内心冲突后，我们就需要分析导致这些冲突的根本执念并进行制止。我们可以用心理天平去衡量引发冲突的哪种需求对自己而言更重要。经常倾听自己内心的声音，可以帮助自己做出更好的选择，选出更重要的方面。无论怎样都没办法做出选择时，抽签决定也未尝不可。

探究内心冲突的实质

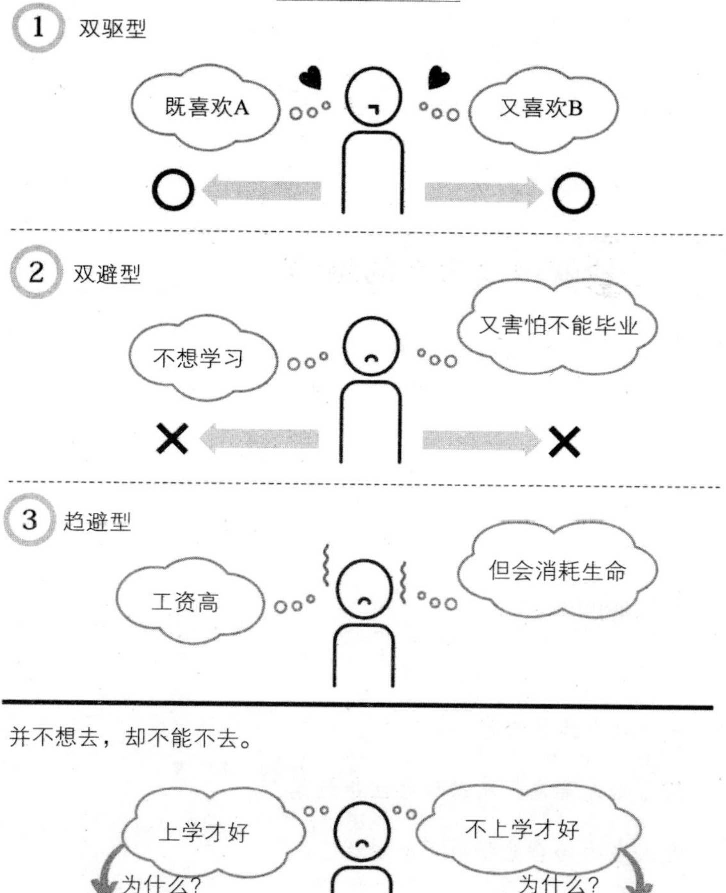

并不想去，却不能不去。

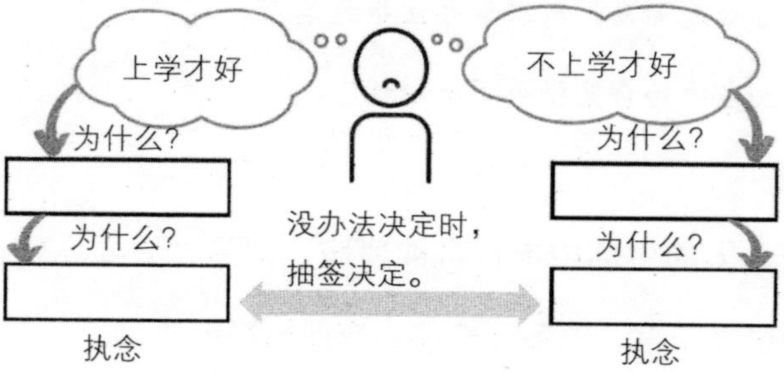

一秒就可以丢弃的烦恼

虽然算是老生常谈了，但事实上，烦恼就是因为我们困于不能烦恼的执念。

不喜欢急躁的自己。

因为心地善良，所以没办法拒绝他人。

在人多的场合紧张得不能说话。

每个人的生活中都有各种烦恼。但是，只要你自己认为有烦恼也很正常，很多烦恼就会变得风轻云淡。

急躁的人一向行事如风，执行力也很强，可以不用强行改变急躁的性格，反而可以思考怎样有效利用缺点，化弊为利；同样，因做事没恒心而烦恼的人也可以改变思维，如果不能将注意力集中于某一件事，那就尝试同时做几件事。擅自给自己设置规则，又让自己苦于规则的“罪魁祸首”是你自己。只要意识到自己陷入了自我思维中，你就可以改变现实。

某些家庭问题或社交问题很难被快速解决，需要一定的时间。很多时候，烦恼源于“不可以有烦恼”“必须尽快解决”的执念。但是，能迅速解决每天的问题或烦恼，迎接全新明天的人很少。为现实问题而烦恼的人，只要认为有烦恼也没关系，或许就会轻松很多。

跳出执念，改写脚本

第六章

利用执念，重写人生脚本

积极的自我暗示

并非所有执念都是有害无益的。有时，我们只要充分利用执念，也可以改善问题，实现人生目标。因此，我们接下来探讨的话题是“与执念为友”。

对人有益的执念代表是积极的自我暗示。所谓自我暗示，就是通过想象将要实现的目标具体鲜明地刻画进大脑里的行为。简单说，就是想象未来美好的自己。

如果年轻时执念于“未来我会是这样的”“就应该是这样的”，那么无论面对怎样的选择，我们都会认为自己更靠近梦想了——大至自己的人生道路，小至午餐吃什么，只要一遍又一遍地重复，就可以真正实现梦想。因此，丢弃不合理的想法，重新建立积极的执念，我们或许就可以改变人生轨迹，使一切都朝着希望的方向发展。

改变性格的4种方法

常言说，“江山易改本性难移”，性格本身就是不断重复的执念。“性格无法改变”这一执念中隐藏着“无论何时都会采取同一种行为模式”的执念。但是，性格并非完全是由遗传决定的，环境也会对性格产生极大的影响。也就是说，如果前后生活的环境差异很大，人们很可能会有大相径庭的行为模式。

总之，将“性格无法改变”这一执念改变成“性格可以改变”的信念至关重要。接下来，我将介绍改变性格的4种方法。

1. 改变行动

如果说性格决定行为，那么行为也可以改变性格。这是因为人类本性在于希望身心保持一致。如果强迫自己采取某种行为，我们的内心可能不自觉地产生“自己就是这样的人”的执念。即使本来认为自己是十分内向的人，你也会试着经常与公司的人打招呼。这样一来，打招呼的行为就会影响自己的心理，渐渐地你就会发现，自己变得外向开朗了。

所以，你只要认为自己可以达成目标，就要不遗余力地奋力一搏，这样抑制个人行为的各种禁令也会被取消。一旦行动起来，就可以改变结果，而结果会改变想法。有时候，刻意地说好听的场面话，也会使自己的想法变得积极起来。也就是说，即使你不是发自内心，哪怕一开始是假装的，最后也可能变成发自内心的想法。因此，改变自己的第一步就是毫不犹豫地改变自己的行为。

2. 试着模仿

想要充分利用执念，模仿是非常有效的手段。试着去模仿别人，我们就会更加靠近自己理想的样子，不知不觉中大脑就会产生“这就是自己”的执念。

对于销售行业的新员工而言，最开始可能连交换名片都紧张，对客户也说不出一句套近乎的话。在这种情况下，可以尝试向业绩不凡的前辈或值得信赖的上司学习。比如，他们是在什么时机引入新话题以谈及商业谈判的？

试着去模仿别人，即使最开始表现生硬也不需要在意。总有一天，你会形成自己的风格，一切都会如鱼得水。在模仿中，如果你用心观察，就会发现对方的想法和思维方式。

如果是他的话，他会采取什么行为呢？

如果是他的话，他会说什么呢？

你应该学会思考这样的问题，再将这样的思维转换成行动。在实践过程中，我们的大脑也会产生“这就是自己”的执念。这样一来，即使突然需要卖东西给完全陌生的人，你也会渐渐变得得心应手。大脑很复杂，同时也十分简单。积极执念、消极执念都是因简单的小事而起，区别在于会变成良性循环还是恶性循环。

3. 拓展新环境

我之前也简单提及了一下，远离当前的环境，更多融入新环境，对改变执念也是十分有用的。生活中只有工作与家庭的人也可以尝试一下不曾接触的其他领域，甚至可以切断一直以来的人际关系，让自己置身于全新的人际关系中。升学、跳槽都是绝好的机会。

4. 改变穿着

商务人士一身西装革履让人觉得很干练，警察一身制服也让人觉得很威风。仅仅是改变穿着，人们的整体感觉就会完全不同，渐渐地，自己的内心也会改变。

没心情工作的时候，不妨尝试换一件新的西装。心情不好的时候，不妨给自己买件新衣服。此外，你也可以在想要改变自己的时候，选择自己平时不穿的衣服。

做不到恰能证明你想做

你一定有过觉得自己什么都做不了的体验吧？看到兴趣班的广告时，想到自己不会说英语；在研究小组讨论会上觉得导师说的很有道理，却觉得自己不可能像他一样。其实这样的想法潜藏着巨大的可能性。为什么呢？因为做不了的消极执念会被想做的积极执念所替代。

一般而言，“做不了”这一想法中隐藏着想做的念头。如果对兴趣班毫无兴趣，就不会考虑做得到还是做不到的问题。因为感兴趣、有想做的想法，你才会有做不到的想法。那么，为什么你在做得到还是做不到之间会立即选择做不到呢？

这是因为你的内心建立了执念的心理壁垒，心理学中称之为心理障碍或内抑制。这样的心理壁垒，是由过去的经历所造成的。比如，没办法上兴趣班的人很可能有过一段经历，就是被父母强行拉去学习，最终没有坚持多久就放弃了。

这些心理壁垒会妨碍自己采取行动。只有打破这样的心理壁垒，深藏于心的执念才会浮现出来。前文所述的聚焦方法有利于打破心理壁垒，诱发“想做”的想法。心理壁垒就是一种心理冲突：我想这样做，但我不能这样做。我们可以通过感受来认识这一点，而且不要把它当作坏事，要认真倾听“为什么不想做”。

造成心理壁垒的3大原因是：一是防卫心理；二是反抗心理；三是有其他的愿望。比如，你觉得自己学不会英语，事实上并不是学不会，而是没有认真学习而已。为什么没有学习呢？可能是因为你害怕自己蹩脚的英语会被嘲笑，也可能是你不想浪费学费，这是防卫的心理在起作用。或者，不想学习的背后可能隐藏着你的反抗心理，因为童年时期你曾被强迫学习英语口语。此外，也有可能是因为你没有学习英语的时间，或者是想学其他东西。

当你想要改变现实时，最重要的是意识到执念的本质。在你“做不到”的想法中一定暗含着自己想要去做的欲望。你应该分析一下自己用怎样的标准做出了“做不到”的判断。只有意识到这一点，你才可以抛下“做不到”的执念，给自己树立“做得到”的自我标准。记住，“做不到”是“能做到”的可能性证明。

“做不到”与“想做”的关系

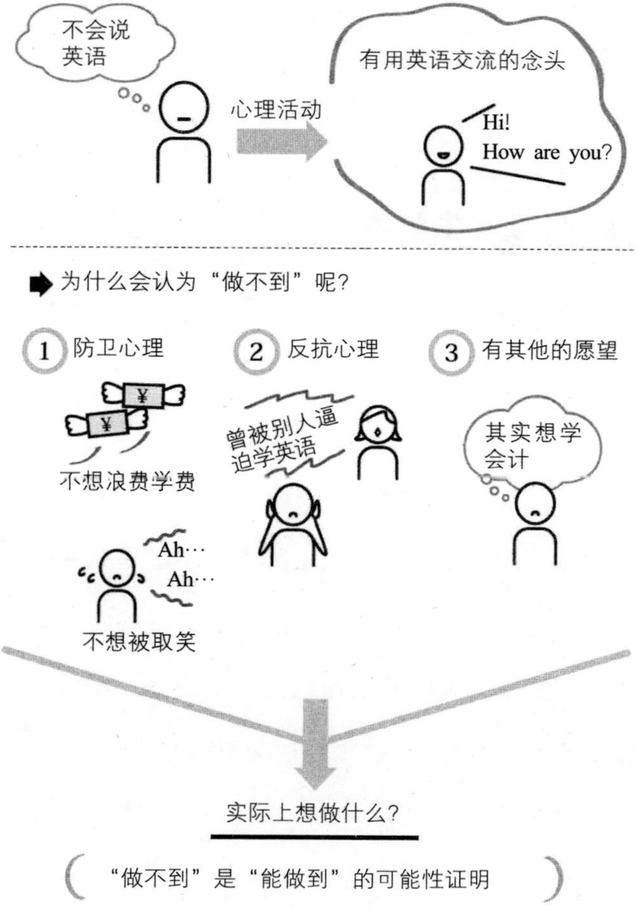

不会说英语
心理活动
有用英语交流的念头
Hi!
How are you?
为什么会认为“做不到”呢?
1 防卫心理
2 反抗心理
3 有其他的愿望
不想浪费学费
曾被别人逼迫学英语
其实想学会计
Ah…
Ah…
不想被取笑
实际上想做什么?
“做不到”是“能做到”的可能性证明

改写人生脚本

最后，我将介绍改写人生脚本的方法。只要我们能意识到迄今为止使自己走向不幸人生脚本的不过是一种执念，能意识到人会深信意识深处的想法，能够意识到自己不能囚于执念中，现实就会按照我们自己的想法改变。但是要注意，人生脚本并不是那么简单，而是根深蒂固的存在。

我会介绍一种方法，教你学会与过去的自己对话，并能够采取新的思维和行动方式。这种方法就是“空椅子”。

与内在小孩对话

我们每个人的心里都住着一个小孩。“为什么不擅长出现在大众面前”“无论怎样，自己总是会迟到”“极度害怕别人讨厌自己，所以总是笑脸迎合”，大家总会有这样的想法吧？心理学认为，即使成人后，我们心里也保留着一部分童年时的自己，也就是内在小孩。

成人后，即使现实世界不再有童年时的自己，我们的心里也一直住着童年时的自己。内在小孩本身毫无问题，问题在于内在小孩可能会受到伤害。比如，明明希望被父母赞赏，却一直被批评；明明想出去玩，却被送到补习班。像这样，我们每个人在童年时都有很多没有被满足的愿望或悲伤的经历，内心就会因此留下一个受伤的小孩。想要改写自己的人生脚本，我们就需要与受伤的小孩对话，并治愈他。

与内在小孩对话的方式之一就是利用空椅子。首先，准备两把椅子，最好是在没有其他人的房间里进行。接下来，将一把椅子放在自己的正对面，想象童年时的自己坐在对面的椅子上。接着，一人分饰两个角色，进行对话。

你："你是不是应该更自信一点？"

说完之后，想象一下童年时的自己会怎么回答。

小孩："但是，妈妈总说我身体瘦弱，说我生性胆怯，所以我找不到自信。"

接下来，回到自己的座位上，回答。

你："原来如此，我明白了。"

这时，你不可以立即否定过去的自己，首先应该接纳、认可，再找出心理偏见并进行校正。

你："身体瘦弱是因为生了什么病吗？"

小孩："不，也没有生病，但是身体很瘦弱……"

你："是吗？虽然说身体瘦弱，但并没有生病啊？你可以跑步，可以游泳，就算身体看起来瘦弱，但其实很健康。"

小孩："嗯……"

你："而且，你也并不是生性胆怯哦。慢慢地，你会在很多人面前自信地表达自我，面试时也会对答如流。"

小孩："真的是这样吗？"

你："身体瘦弱、生性胆怯，都是别人擅自定义的，你自己不可以这样认为哦。你很强大，你可以更有自信一点。"

小孩："明白了，我会建立自信的。"

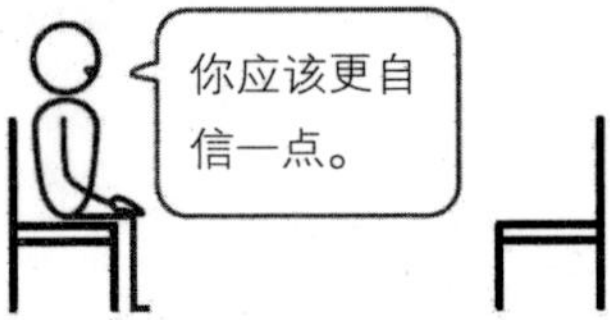

1 对童年时的自己说

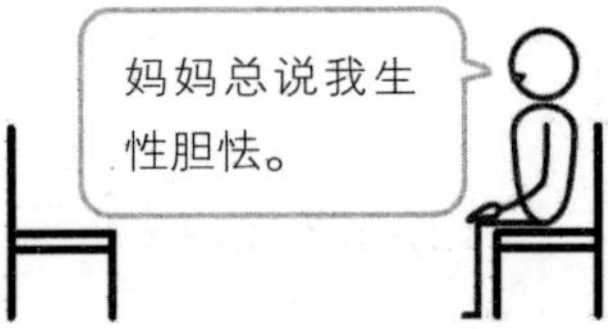

2 假装回到童年时代，回答问题

3 不要一下子否定，在一开始要接受

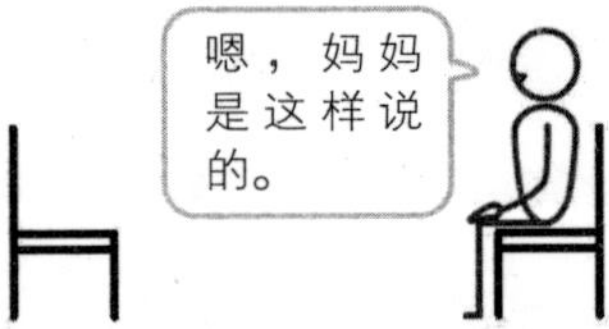

4 意识到童年时自己的执念

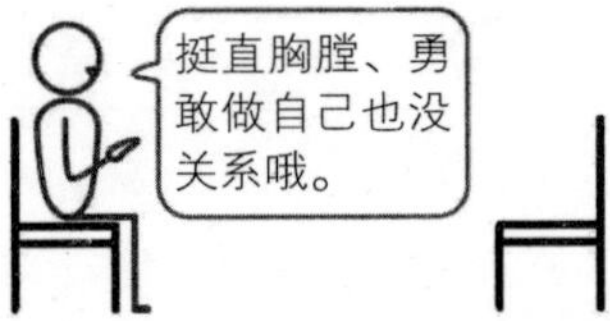

5 治愈、安慰内在小孩

你也可以像这样，利用空椅子方法，以对话的方式来思考并找出问题的解决之策。如果你总是因为被父母骂“你为什么连这点小事也做不好”而感到胆怯、退缩，你就需要对内在小孩说“没关系哦，你已经很努力了”“有些事，你长大后自然而然就会了”。这样一来，受伤的内在小孩就会被治愈，自己也会从过去中解脱出来。

人生的再定义

如果你发现与内在小孩的对话中有禁令或驱动力，就可以提问：“如果不受这一切的束缚，你想要怎样的人生呢？”这样，你就会想象自己想要的人生，并思考怎样才能实现这样的人生。比如，你的脚本是“总是在意别人的目光，过得小心翼翼”，这时你就要追溯导致这一想法的原因。你可能会想到，自己形成禁令是受严厉的父母的影响。这种情况下，你可以勇敢地向父母说出个人意见。

如果父母质问你：“还想顶嘴吗？”你也要试着说出自己的想法：“可不可以认真听听我的想法”“妈妈你总是不

听我的想法，我觉得很难过。”你能对严厉的父母说出这样的话，那么在被同班同学戏弄时你也可以说出“不”字；在工作中被上司骂时你也能毫不犹豫地回答“别这样对我”。渐渐地，你的人生脚本就可能被改写，剧情就会变成“在别人面前，我也可以堂堂正正地坚持自我”。

再现过去的情景，改变自己在其中演绎的角色，问自己需要采取什么新行动，你就可以找到解决新的问题的方法。人并非是受命运摆布的。一定要记住，你自己拥有对自己命运负责的能力，你也有能力治愈自己。

“再定义”人生

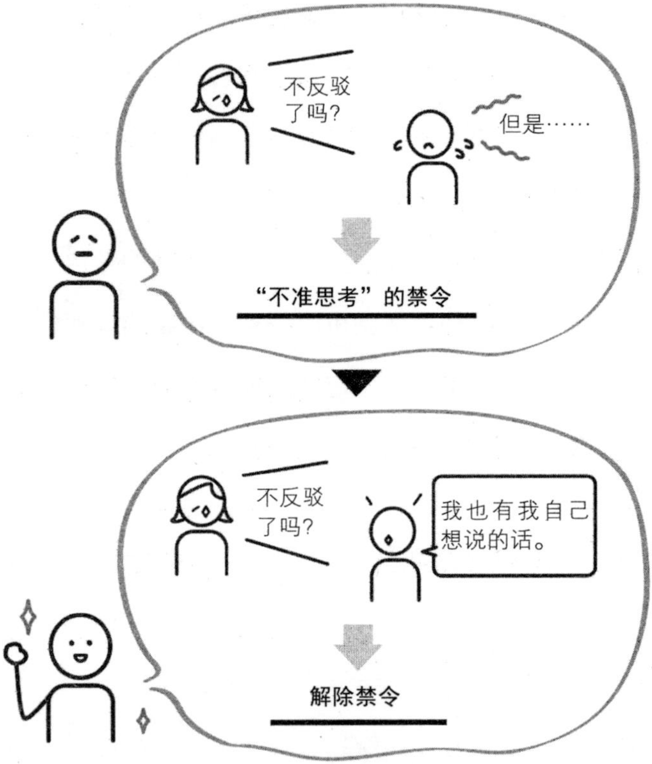

在大脑中重现过去的画面，
改变自己演绎的角色。

人生的再定义

关注当下的你

我刚刚介绍了改变童年时的自己的方法。本书的最后，我想强调意识到此时此地的重要性。本书的观点是，你的执念都源于童年时期的禁令和驱动力。此外，为了改变这样的执念，行之有效的方法是与内在小孩对话。当然，甚至连“过去的经历会影响现在的你”可能也是一种执念。我们常在把握现实的基础上问自己“过去发生了什么”“原因是什么”，这样的做法真的有意义吗？

这时，我们不应该自觉地认为原因在于过去，而是应该把注意力放在此时此地的自己身上。这有利于我们跳出一切都是因为过去的错误执念。我们要关注现在的自己身上发生了什么，而不是过去发生过什么。

心理学家阿尔弗雷德·阿德勒提倡目的论，即关注眼前的自我，而不是一切原因都在于过去。阿德勒并不认为遗传或教育等方式会决定行为，他认为未来的目的才会决定行为。

你想在过去找到原因，把一切都归结于过去，这样的想法本身或许就是一种执念。意识到此时此地的自己，将目光转向接下来希望变成什么样，你就可以跳出过去这一执念。

不要被过去束缚。你所描绘的未来决定了你自己。过去的原因可以作为一种解释，却不能作为解决之策。当你从所有的执念中解放出来时，你就可以自由地改写脚本。你接下来的人生是一张白纸，你可以尽情书写你喜欢的内容。

觉察执念，掌控执念

孩子会过家家、沉浸于模仿游戏中，事实上，大人也做着相似的事。看人生纪实而哭泣，看恋爱剧情而悲伤，这也是执念在作祟。如果我们不在故事中加入“是虚构的”“是演员演绎的”，是不是就失去了乐在其中的机会？比如，失恋时觉得自己是世界上最不幸的人吧？这就是所谓的“悲剧主角”心情。此外，如果某项重要工作顺利完成了，你一定会感到欣喜若狂吧？这时你很可能会觉得自己就是世界的中心。

本书一直强调的是执念不可过度，应该适可而止。但是，意识到内心最深处存在的执念，乐此不疲地玩模仿游戏，可以使我们的人生更加有趣、更加有意义。常有人说自己的人生就像舞台，确实如此，在亲子关系、夫妻关系、工作关系中我们所扮演的角色都是模仿游戏的延伸。比如，进入某家商店，你会发现，工作人员不带任何个人情感地对待客人，态度礼貌，用语尊敬。工作结束后，大家都会演绎其他的角色，进行其他的模仿游戏。如果你的人生有烦恼，你就可以想“反正都只是模仿游戏”，这样你就会减轻烦恼。

当然，活着就必须工作。你想要自由，但不能放弃角色。我想强调的是，某个角色并非就是人生的一切。自己演绎的角色是一种模仿游戏，别人也如此。如果你认为某种关系与模仿游戏无异，再思考一下没必要如此烦恼，心情应该会轻松很多。意识到执念并与执念游戏，我觉得这两点就是享受仅有一次的人生的一大技巧。

人生并不是由事实决定的。有人深陷战争也可以生活得幸福，如此富足的时代也有生活不幸的人。《美丽人生》这部电影描述的是“二战”期间受纳粹迫害的两父子之间的故事。父亲即使身处悲惨境遇之中，也一点不悲怆；儿子也毫不胆怯，他性格幽默，生活与普通孩子无异。父亲利用自己的想象力让儿子以为他们正身处游戏当中，儿子才得以满怀希望地活着。这样的态度不仅有利于儿子，父亲也同样受益匪浅，正因如此，他至死也不曾对生活失去过希望。

人生是由认知决定的。你相信什么，对什么深信不疑，你的人生就会如此。人生重要的并不是发生了什么，而是你怎么看待所发生的事。可以这样说，《美丽人生》就是你的人生。